Christian Schlieder

Autodesk® Inventor® 2013
Aufbaukurs KONSTRUKTION

Viele praktische Übungen am
Konstruktionsobjekt GETRIEBE

Christian Schlieder

Autodesk® Inventor® 2013
Aufbaukurs KONSTRUKTION

Viele praktische Übungen am
Konstruktionsobjekt GETRIEBE

Weiterführende Literatur

Inventor®	Inventor®	AutoCAD®
Grundlagen in Theorie und Praxis	Das Grundlagenkompendium	Das Grundlagenkompendium

 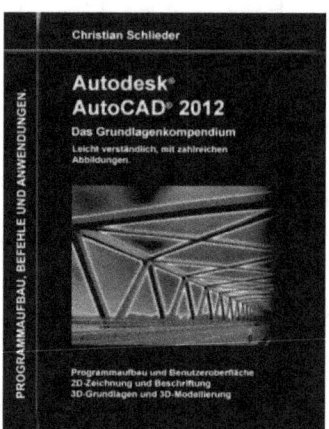

ISBN: 9783848207763 | ISBN: 9783842366572 | ISBN: 9783842373594
24,95 Eur | 29,90 Eur | 29,90 Eur

Frontal-Schulung

Frontal-Schulungen können in Ihrer Firma oder in unseren Räumlichkeiten in Berlin stattfinden. Jeder Teilnehmer erhält eigene Schulungsunterlagen, die Schritt für Schritt abgearbeitet werden. Der Trainer klärt Fragen direkt und ausführlich an den einzelnen Arbeitsplätzen, wodurch eine intensive und individuelle Betreuung möglich ist.

Gern senden wir Ihnen einen Kostenvoranschlag.

Kostenlose Videos auf www.YouTube.com

Viele Übungen aus unseren Büchern stehen kostenlos als Videos auf der folgenden Website zur Verfügung:

http://www.youtube.com/user/DerCADTrainer

Dieses Buch wurde durch Autodesk® geprüft und zertifiziert. Alle im Buch enthaltenen Informationen wurden nach bestem Wissen und Gewissen geprüft.

Da Fehler nicht ausgeschlossen werden können, übernehmen Autor und Verlag weder Verantwortungen, Verpflichtungen oder Garantien jeglicher Art, noch Haftung für die Benutzung der bereitgestellten Informationen. Autor und Verlag übernehmen keine Gewähr dafür, dass die beschriebenen Vorgehensweisen oder Verfahren frei von Rechten Dritter sind.

Das Werk ist urheberrechtlich geschützt. Übersetzung, Nachdruck, Vervielfältigung, sonstige Verarbeitung des Buches oder von Teilen daraus sind ohne Genehmigung des Autors nicht erlaubt.

Autodesk® Inventor® 2013 ist ein eingetragenes Markenzeichen von Autodesk, Inc. und/ oder seiner Tochtergesellschaften und/ oder der Tochterunternehmen in den USA und anderen Ländern.

© 2012 Christian Schlieder

ISBN

9783848203680

IMPRESSUM

Dipl.- Ing. Christian Schlieder
www.Ingenieurbuero-Schlieder.de
Fax: +49 (0) 3212 - 1122290

HERSTELLUNG UND VERLAG

Books on Demand GmbH, Norderstedt
www.BoD.de

INHALTSVERZEICHNIS

1	**DER UMGANG MIT DEM BUCH**	**3**
1.1	Zielgruppe & Aufbau des Buches	3
1.2	Digitales Zubehör zum Buch	3
2	**KOMPLETTIERUNG DES KURBELTRIEBES**	**4**
2.1	Theoretische Grundlagen zum Zahnriemenantrieb	4
2.2	Konstruktion eines Zahnriemenantriebes	4
2.2.1	Befehlsgrundlagen ZAHNRIEMEN-GENERATOR	4
2.2.2	Zahnriemenantrieb zwischen Nocken-und Kurbelwelle erzeugen	7
2.2.3	Befehlsgrundlagen ZUGFEDER-KOMPONENTEN-GENERATOR	12
2.2.4	Spannrolle des Zahnriemens mit einer Zugfeder beaufschlagen	14
2.3	Konstruktion einer Druckfeder	16
2.3.1	Befehlsgrundlagen DRUCKFEDER-GENERATOR	16
2.3.2	Druckfeder zwischen Ventil und Zylinderkopf erzeugen	18
3	**GETRIEBEKONSTRUKTION**	**20**
3.1	Theoretische Grundlagen zum Getriebeaufbau	20
3.2	Lagerung der Wellen	21
3.2.1	Lagerhalterungen importieren	21
3.2.2	Befehlsgrundlagen LAGER-GENERATOR	21
3.2.3	Erzeugen eines Zylinderollenlagers	23
3.2.4	Modellbaum strukturieren	24
3.2.5	Importieren der oberen Lagerhalterungen	25
3.2.6	Modellbaum strukturieren	25
3.3	Befestigung der Lagerhalterungen	25
3.3.1	Befehlsgrundlagen SCHRAUBENVERBINDUNGS-GENERATOR	26
3.3.2	Lagerhalterungen der Antriebswelle miteinander verbinden	28
3.3.3	Lagerhalterungen der Wellen am Motorgehäuse befestigen	31
3.4	Konstruktion der Getriebewellen	33
3.4.1	Platzieren der Lamellenkupplung	33

3.4.2	Befehlsgrundlagen WELLEN-GENERATOR	34
3.4.3	Konstruktion der Antriebswelle	37
3.4.4	Befestigungsflansch der Antriebswelle mit Bohrungen versehen	40
3.4.5	Schrauben aus dem Inhaltscenter importieren	41
3.4.6	Abschließende Arbeiten an der Antriebswelle	42
3.4.7	Importieren der Halterungen für die Rücklaufwelle	43
3.4.8	Konstruktion der Rücklaufwelle	44
3.4.9	Konstruktion der Abtriebswelle	45
3.5	**Konstruktion der Zahnradpaare**	**46**
3.5.1	Befehlsgrundlagen STIRNRÄDER-GENERATOR	47
3.5.2	Konstruktion des Zahnradpaares für den ersten Gang	48
3.5.3	Konstruktion der Zahnradpaare der restlichen Vorwärtsgänge	51
3.5.4	Importieren der Zahnräder für den Rückwärtsgang	54
3.5.5	Wellen und Zahnräder mit Bewegungsabhängigkeiten versehen	55
3.6	**Konstruktion des Kegelradgetriebes**	**57**
3.6.1	Welle und Lager zur Platzierung der Kegelräder erzeugen	58
3.6.2	Befehlsgrundlagen KEGELRÄDER-GENERATOR	59
3.6.3	Konstruktion des Kegelradgetriebes	61
3.7	**Rollenketten erzeugen**	**63**
3.7.1	Befehlsgrundlagen ROLLENKETTEN-GENERATOR	64
3.7.2	Konstruktion der Antriebskette	66
3.7.3	Kettenantrieb mit Bewegungsabhängigkeiten versehen	69
3.7.4	Animation des Bewegungsapparates	70
3.7.5	Konstruktion der Rollenkette für die Gangschaltung	70
3.7.6	Kettenschaltung mit Schalthebel und Kegelradpaar versehen	75
3.8	**Konstruktion einer Keilwellenverbindung**	**77**
3.8.1	Befehlsgrundlagen KEILWELLEN-GENERATOR	77
3.8.2	Erzeugen einer Keilwellenverbindung an der Getriebeausgangswelle	79
3.9	**Konstruktion von Rahmen und Reifen**	**80**
3.9.1	Befehlsgrundlagen GESTELL-GENERATOR	80
3.9.2	Erzeugen des Motorradrahmens und der beiden Reifen	81
3.9.3	Befehlsgrundlagen GEHRUNG	83
3.9.4	Rohrsegmente durch Gehrung aneinander anpassen	84
4	**SCHLUSSWORT**	**85**
5	**VERZEICHNISSE**	**86**

1 Der Umgang mit dem Buch

1.1 Zielgruppe & Aufbau des Buches

Dieses Buch ist ein Aufbaukurs für Fortgeschrittene, die mit den Grundlagen von *Autodesk® Inventor® 2013* bereits vertraut sind. Das Programm verfügt im Baugruppenbereich über ein Register *Konstruktion* welches zur Berechnung und Konstruktion, speziell im Maschinenbau verwendeter Komponenten dient. In einem komplexen Übungsbeispiel wird der Leser theoretische Grundlagen einiger Befehle aus diesem Register erlernen und anschließend praktisch umsetzen.

Das verwendete Übungsbeispiel baut auf das Grundlagenbuch *Autodesk® Inventor® 2013 – Grundlagen in Theorie und Praxis* auf, in welchem ein vereinfachter 4-Takt-Motor erstellt wurde. Dieser Motor wird im vorliegenden Buch um ein komplettes Getriebe erweitert.

In diesem Buch werden die folgenden Befehle des Reiters *Konstruktion* behandelt:

- *Druckfeder-Generator*
- *Gehrungen erzeugen*
- *Gestell-Generator*
- *Kegelräder-Generator*
- *Keilwellen-Generator*
- *Lager-Generator*
- *Rollenketten-Generator*
- *Schraubenverbindungs-Generator*
- *Stirnräder-Generator*
- *Wellen-Generator*
- *Zahnriemen-Generator*
- *Zugfeder-Generator*

Das Übungsbeispiel bietet genügend Möglichkeiten, die Befehlsketten sporadisch zu verlassen und eigene Versuche mit den Befehlen zu starten.

1.2 Digitales Zubehör zum Buch

Um die Übungen aus diesem Buch durchführen zu können, benötigen Sie vorgefertigte Übungsdateien, welche auf der folgenden Website kostenlos heruntergeladen werden können:

- http://www.Ingenieurbuero-Schlieder.de

Erstellen Sie auf Ihrem PC an einem geeigneten Speicherort einen neuen Ordner *Getriebekonstruktion*. Speichern Sie die heruntergeladene Datei in diesem Ordner und entpacken diese dort (ZIP-Datei). Starten Sie *Autodesk® Inventor® 2013*, öffnen Sie die Projektdatei *Konstruktion.ipj* (Projektordner) und anschließend die Baugruppe *4-Takt-Motor.iam*.

2 Komplettierung des Kurbeltriebes

2.1 Theoretische Grundlagen zum Zahnriemenantrieb

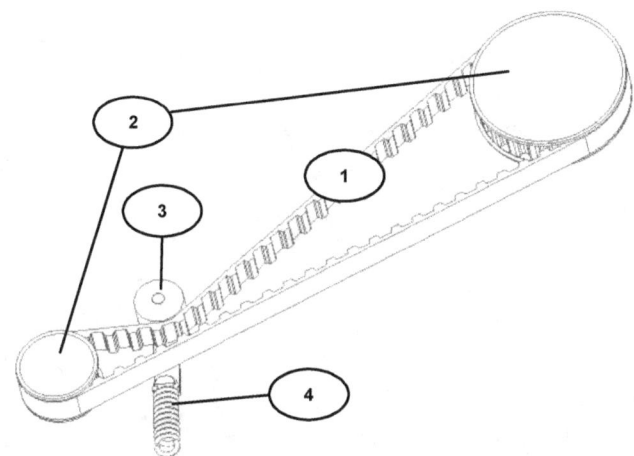

Abb. 1 Zahnriemen mit Spannrolle und Zugfeder (schematische Darstellung)

Die Nockenwelle des Motors soll durch die Drehbewegung der Kurbelwelle angetrieben werden. Diese Verbindung kann durch Zahnriemen-, Ketten- oder Zahnradantriebe realisiert werden. Häufig werden Zahnriemenantriebe verwendet. Diese sind, bedingt durch ihren Aufbau (Kunststoffgewebe mit innenliegenden Zugdrähten aus Metall), geräuscharm während des Betriebes und kostengünstig in ihrer Herstellung.

Der Zahnriemen (1) wird über Zahnräder geführt (2). Um ihn konstant auf Spannung zu halten, wird er mit einer zusätzlichen Spannrolle (3) bestückt, welche von einer Zugfeder (4) gespannt wird. Zahnriemen müssen nicht gewartet werden, unterliegen allerdings regelmäßigen Austausch-Intervallen.

2.2 Konstruktion eines Zahnriemenantriebes
2.2.1 Befehlsgrundlagen ZAHNRIEMEN-GENERATOR

Abb. 2 Der Zahnriemen-Generator

Mit dem *Zahnriemen-Generator* können Zahnriemenantriebe (bestehend aus Zahnriemen, Riemenscheiben und Spannrollen) berechnet und konstruiert werden.

Das Inhaltscenter beinhaltet eine Auswahl an Riementypen, welche entsprechend der zugehörigen Norm bearbeitet werden können. Der Zahnriemenantrieb kann auf bereits vorhandene geometrische Elemente bezogen werden, die Darstellung kann als Skizze, Volumenkörper oder detailliert erfolgen.

2.2.1.1 Reiter KONSTRUKTION

Abb. 3 Der Zahnriemen-Generator (Reiter: Konstruktion)

INHALT

Der Reiter *Konstruktion* ermöglicht die Auswahl eines vordefinierten Riemens aus dem Inhaltscenter, welcher anschließend bearbeitet werden kann. Riemenscheiben und Spannrollen können hinzugefügt oder bearbeitet werden, die Zusammenstellung kann anschließend als Vorlage exportiert, bzw. eine externe Vorlage importiert werden.

Konstruktion eines Zahnriemenantriebes

OPTIONEN

1) Reiter: Konstruktion/ Berechnung
2) Riementyp
3) Riemenmittelebene, Versatz der Mittelebene, Riemenbreite und Anzahl der Zähne
4) Riemenscheiben/ Spannrollen bearbeiten
5) Riemenscheiben/ Spannrollen hinzufügen
6) Berechnungsergebnisse
7) Riementrieb als Skizze, Volumenkörper oder detailliert darstellen

2.2.1.2 Reiter BERECHNUNG

Abb. 4 Der Zahnriemen-Generator (Reiter: Berechnung)

INHALT

Der Reiter *Berechnung* ermöglicht die Auswahl von Berechnungstyp, Belastung, Koeffizienten, Riemeneigenschaften und Riemenspannung.

OPTIONEN

1) Reiter: Konstruktion/ Berechnung
2) Berechnungstyp
3) Belastung
4) Koeffizienten

5) Riemeneigenschaften
6) Riemenspannung
7) Berechnungsergebnisse

2.2.2 Zahnriemenantrieb zwischen Nocken-und Kurbelwelle erzeugen

Die Projektdatei *Konstruktion.ipj* (Projektordner) sollte bereits aktiviert und die Baugruppe *4-Takt-Motor.iam* geöffnet sein. Wechseln Sie ins Baugruppen-Register *Konstruktion* und starten Sie in der Befehlsgruppe *Berechnung* den Befehl *Zahnriemen*.

Abb. 5 Auswahl von Riemenmittelebene, Versatz der Mittelebene, Riemenbreite und Anzahl der Zähne

Ändern Sie im Register *Konstruktion* die Form des Riemens auf *Synchronriemen L* (hierfür bitte auf das *Riemensymbol* klicken), wählen Sie eine *Riemenbreite* von *12,7 mm* und *64 Zähne* (Abb. 5). Der Zahnriemen-Generator bietet die Möglichkeit, Riemen und Riemenscheiben auf bereits vorhandene geometrische Elemente der Baugruppe zu platzieren.

Nockenwelle und Kurbelwelle sollen als Referenzen verwendet werden. Vorab muss der Riemenkonstruktion allerdings eine Referenzebene (*Riemenmittelebene*) zugewiesen werden. Wählen Sie hierfür die in Abb. 5 markierte kleine Ebene, welche sich auf der Nockenwelle befindet.

Abb. 6 Riemenscheiben werden den markierten Zylinderflächen (Nockenwelle, Kurbelwelle) zugewiesen

Nach der Definition der Mittelebene können die Riemenscheiben ihren Referenzen zugewiesen werden. Im Auswahlfeld *Riemenscheiben* sollten bereits zwei Riemenscheiben voreingestellt sein. Achten Sie darauf, dass in beiden Zeilen die Optionen ⊕ Komponente *Komponente* und ⊕ Feste Position *Feste Position über ausgewählte Geometrie* eingestellt sind.

Abb. 7 Öffnen der Eigenschaften der ersten Riemenscheibe

Verwenden Sie die ▶ Pfeile, um den beiden Riemenscheiben als Referenzen die markierten Zylinderflächen (Nockenwelle, Kurbelwelle) aus Abb. 6 zuzuweisen. Die erste Riemenscheibe soll der markierten Zylinderfläche der Nockenwelle, die zweite Riemenscheibe der Zylinderfläche der Kurbelwelle zugewiesen werden.

HINWEIS: Sollte es Probleme dabei gegeben die Referenzen der Riemenscheiben auszuwählen (der ▶ Pfeil bleibt grau hinterlegt und lässt sich nicht aktivieren), aktivieren Sie zuerst die Option ⊕ Vorhanden *Vorhanden*, wählen dann die Referenzen und aktivieren anschließend die Option ⊕ Komponente *Komponente*.

Abb. 8 Eigenschaften der ersten Riemenscheibe

Aktivieren Sie die Zeile des ersten Riemenrades und öffnen Sie die [...] *Eigenschaften* (Abb. 7). Ein neues Bearbeitungsfenster öffnet sich, in welchem die in Abb. 8 dargestellten Änderungen übernommen und mit [OK] *OK* bestätigt werden können.

HINWEIS: Änderungen in den grau hinterlegten Eingabefeldern sind erst nach Aktivierung der Option *Benutzerdefinierte Größe* möglich.

Abb. 9 Eigenschaften der zweiten Riemenscheibe

Im Anschluss sind die Eigenschaften der zweiten Riemenscheibe zu bearbeiten. Übernehmen Sie hierfür die Werte aus Abb. 9. Zahnriemen müssen ausreichend fest montiert werden, um ein Rutschen des Riemens über die Riemenscheiben zu verhindern. Aufgrund der Materialeigenschaften eines Zahnriemens kann sich dieser mit der Zeit längen, was ein Rutschen des Riemens über die Zähne des Zahnrades zur Folge haben könnte.

Um den Zahnriemen dauerhaft zu spannen, werden häufig automatische Riemenspanner verwendet. Im folgenden Schritt soll den beiden vorhandenen Riemenscheiben eine Spannrolle in Form einer flachen Riemenscheibe hinzugefügt werden. Klicken Sie hierfür auf die in Abb. 10 markierte Option *Zum Hinzufügen einer Riemenscheibe klicken...* und wählen Sie die *Flache Riemenscheibe (metrisch)*.

Konstruktion eines Zahnriemenantriebes

Abb. 10 (L) Hinzufügen eines Elementes; (R) Auswahl der flachen Riemenscheibe (metrisch)

Aktivieren Sie in der neuen Zeile die Optionen ⊕ Komponente *Komponente* sowie ⤢ *Richtungsorientierte verschiebbare Position* und als ▹ *Richtungsreferenz* die in Abb. 11 markierte Ebene am Bauteil *Führung-Spannrolle-Zahnriemen*.

Abb. 11 Markierte Ebene als Referenz für die Spannrolle wählen

HINWEIS: Zahnriemenantriebe unterliegen strengen Berechnungsvorschriften. Um dem Programm zu ermöglichen, die Riemenlänge unter Beachtung dieser Vorschriften korrekt zu errechnen, ist es notwendig, eine der drei Riemenscheiben mit einem zusätzlichen Freiheitsgrad zu versehen.

Abb. 12 Eigenschaften der flachen Riemenscheibe

Die Option ⤢ *Richtungsorientierte verschiebbare Position* gibt der flachen Riemenscheibe die Möglichkeit, sich entlang der definierten Ebene zu bewegen. Hierdurch kann die Position der Riemenscheibe auf der Ebene frei verschoben, die Zahnriemenlänge korrekt berechnet und der Zahnriemenantrieb fehlerfrei erzeugt werden.

Öffnen Sie die ⋯ *Eigenschaften* der flachen Riemenscheibe und übernehmen Sie alle Werte und Einstellungen aus Abb. 12.

Konstruktion eines Zahnriemenantriebes

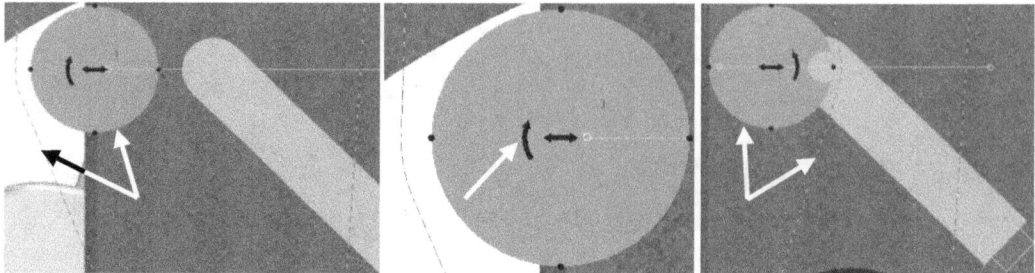

Abb. 13 (L) Zahnriemen außerhalb Spannrolle; (M) Gebogener Pfeil; (R) Position des Zahnriemens wurde korrigiert

Auf der Spannrolle befinden sich ein gebogener Pfeil und weitere Markierungen (Punkte, Doppelpfeile). Jede dieser Markierungen ermöglicht ein manuelles Ändern der geometrischen Eigenschaften (parallel zu den Auswahloptionen im Befehlsfenster).

Die Punkte zum Beispiel ändern den Durchmesser der Spannrolle, der Doppelpfeil die Position auf der Referenzebene und der gebogene Pfeil die Position des Riemens (bezogen auf die Spannrolle). Klicken Sie auf den *gebogenen Pfeil* (Abb. 13/ M), um die Spannrolle außerhalb des Zahnriemens zu platzieren.

Abb. 14 Erweiterte Riemenoptionen

Das korrigierte Ergebnis sollte dann wie in Abb. 13/ R dargestellt angezeigt werden. Achten Sie darauf, im unteren Bereich des Reiters *Konstruktion* die *Riemenlängensperre* zu *deaktivieren* und die Option *Detailliert* zu *aktivieren* (Abb. 14).

Wechseln Sie in den Reiter *Berechnung* Berechnung und starten Sie dort den Befehl *Berechnen* Berechnen.

HINWEIS: Sollten nach der Berechnung Fehlermeldungen angezeigt werden, bestätigen Sie diese und berechnen den Riemen trotzdem. Leider reagiert das Programm auf kleine Abweichungen oft sehr sensibel. Die Berechnung erfolgt trotzdem.

Die Abfrage nach dem Speicherort der neuen Komponenten (Zahnriemen, Riemenräder, Spannrolle) kann durch OK Bestätigt werden. Ein neuer Ordner *Konstruktions-Assistent* wird automatisch in Ihrem Projektordner erzeugt (innerhalb des Ordners *4-Takt-Motor* im Projektordner), um darin die neuen Komponenten zu sichern. Speichern Sie die gesamte Baugruppe und achten Sie beim Abfragefenster *Speichern* darauf, die Option *Ja für alle* zu aktivieren.

Nachdem der gesamte Zahnriemenantrieb generiert wurde, soll die Spannrolle mit einem Spannrollenhalter verbunden werden.

2.2.3 Befehlsgrundlagen ZUGFEDER-KOMPONENTEN-GENERATOR

Abb. 15 Der Zugfeder-Komponenten-Generator

Der *Zugfeder-Komponenten-Generator* dient zur Berechnung und Konstruktion von Zugfedern. Im Gegensatz zum vorherigen Befehl kann die Feder nicht auf bereits vorhandene geometrische Elemente der Baugruppe bezogen werden. Die Feder muss konstruiert und anschließend manuell mit Abhängigkeiten versehen werden.

2.2.3.1 Reiter KONSTRUKTION

Abb. 16 Der Zugfeder-Komponenten-Generator (Reiter: Konstruktion)

Im Reiter *Konstruktion* können Darstellung der Feder (Belastungszustand, Wirkungssinn), Drahtdurchmesser, Ösentyp und Federlänge definiert werden.

Konstruktion eines Zahnriemenantriebes

OPTIONEN

1) Reiter: Konstruktion/ Berechnung
2) Darzustellende Belastung
3) Durchmesser Federdraht
4) Durchmesser Feder
5) Typ der ersten Öse
6) Typ der zweiten Öse
7) Federlänge

2.2.3.2 Reiter BERECHNUNG

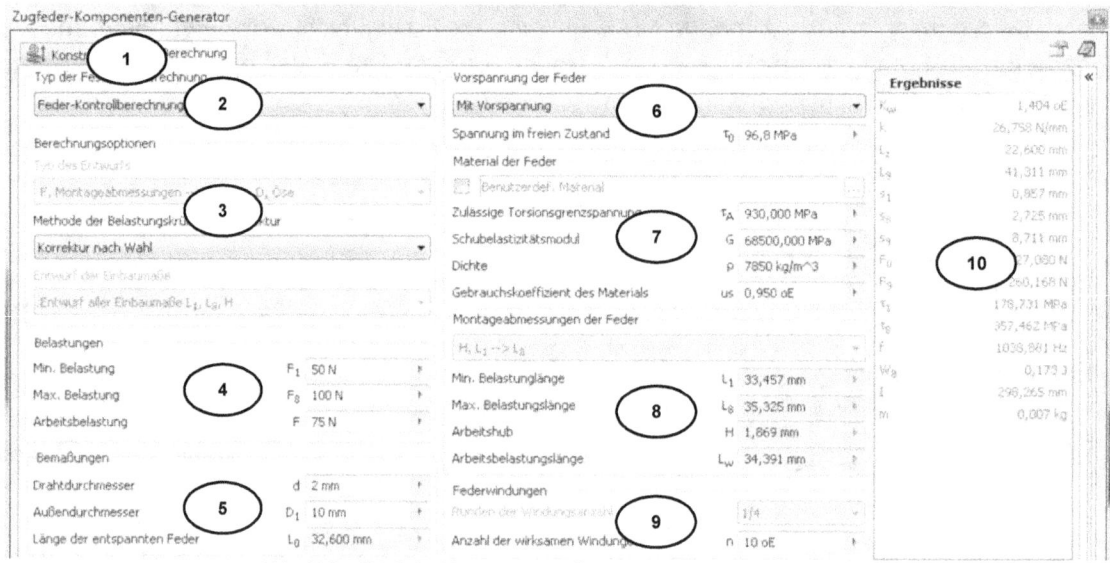

Abb. 17 Der Zugfeder-Komponenten-Generator (Reiter: Berechnung)

INHALT

Im Reiter *Berechnung* werden der Typ der Festigkeitsberechnung definiert (Zugfederentwurf, Feder-Kontrollberechnung, Berechnung der Arbeitskräfte), sowie Belastungen, Bemaßungen, Vorspannungen, Material, Windungen und Montageabmessungen der Feder festgelegt.

OPTIONEN

1) Reiter: Konstruktion/ Berechnung
2) Typ der Festigkeitsberechnung
3) Berechnungsoptionen
4) Belastungen
5) Bemaßungen
6) Vorspannung der Feder
7) Federmaterial
8) Montageabmessungen der Feder
9) Federwindungen
10) Berechnungsergebnisse

Konstruktion eines Zahnriemenantriebes

2.2.4 Spannrolle des Zahnriemens mit einer Zugfeder beaufschlagen

Ein Zahnriemen kann aufgrund der äußeren Einwirkungen seine geometrischen Abmessungen verändern. Das bedeutet eine Änderung des Riemenumfangs.

Abb. 18 Der Zugfeder-Komponenten-Generator (Reiter: Konstruktion)

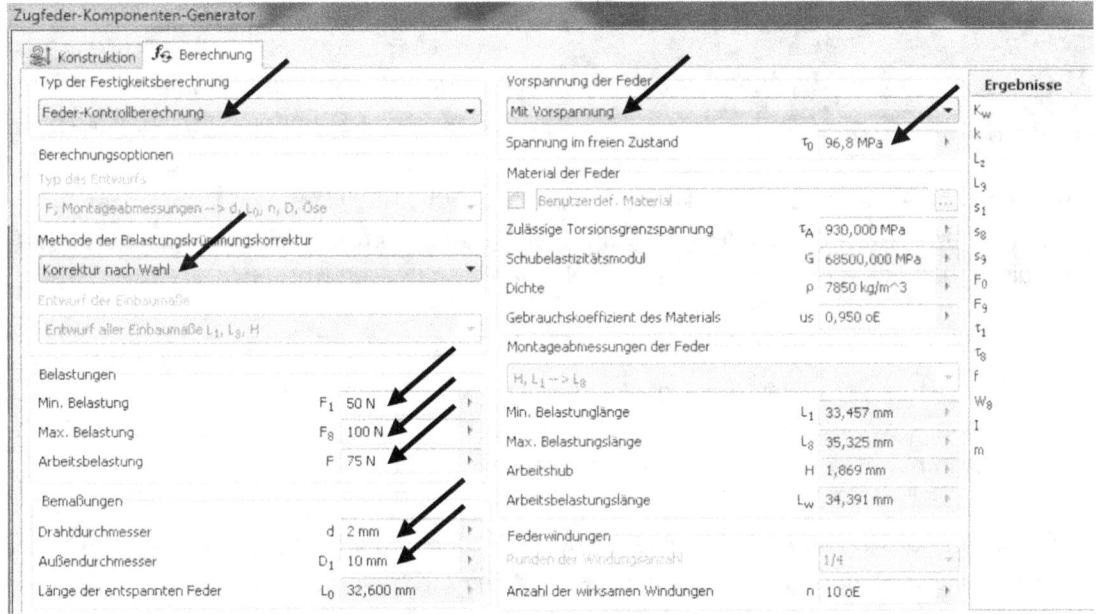

Abb. 19 Der Zugfeder-Komponenten-Generator (Reiter: Berechnung)

Der Zahnriemen in unserem Übungsbeispiel wird bereits durch eine flache Spannrolle konstant gespannt, welche in der folgenden Übung mit einer Zugfeder versehen werden soll. Starten Sie den Befehl *Zugfeder* und übernehmen Sie alle Werte und Einstellungen aus den Abb. 19 und 20. Bestätigen Sie den Befehl anschließend mit *Berechnen* und *OK*.

Abb. 20 (Abhängigkeiten v.L.n.R) Ebene + Ebene; Achse + Punkt; Achse + Punkt

Abb. 21 Feder wurde platziert

Die Feder hängt jetzt am Mauszeiger und muss platziert werden. Verwenden Sie die in Abb. 20 dargestellten drei *Abhängigkeiten* (Register *Zusammenfügen*).

Die *Zugfeder* ist mit den Bauteilen *Motorgehäuse* und *Führung-Spannrolle-Zahnriemen* zu verbinden. Platzieren Sie hierfür die XY-Ebene der Zugfeder (Ordner Ursprung, Abb. 20/ 1), auf die markierte Ebene des Bauteils Führung-Spannrolle-Zahnriemen (Abb. 20/ 2).

Die Mittelpunkte der Federösen können anschließend auf die markierten Achsen gelegt werden (Abb. 20/ 3, 4). Nachdem die Zugfeder an ihrer korrekten Position platziert wurde, kann die Konstruktion des Zahnriemenantriebes abgeschlossen werden.

HINWEIS: Um ein Konstruktionselement aus dem Reiter *Konstruktion* zu bearbeiten, klicken Sie mit der rechten Maustaste auf das entsprechende Element und wählen die Option *Mit Konstruktions-Assistent bearbeiten*. Um es zu löschen, muss die Option *Konstruktions-Assistent-Komponente löschen* gewählt werden.

Speichern Sie die gesamte Baugruppe. Achten Sie unbedingt darauf, im Abfragefenster für alle Bauteile und Baugruppen die Option *Ja für alle* zu aktivieren.

2.3 Konstruktion einer Druckfeder

In der folgenden Übung soll zwischen den Bauteilen *Ventil* und *Zylinderkopf* eine Druckfeder erzeugt werden. Diese wird das Ventil konstant gegen die Nockenwelle pressen.

Wie auch bei den Konstruktionselementen Zahnriemen und Zugfeder, wird diese Feder als starres (unflexibles) Konstruktionselement ausgeführt. Vor der nächsten Übung soll ein Schnitt erzeugt werden. Wechseln Sie hierfür ins Register *Ansicht*, starten Sie

Abb. 22 Erzeugen eines Halbschnittes

den Befehl *Halbschnitt* (Befehlsgruppe *Darstellung*) und wählen Sie die in Abb. 22 markierte Fläche des Zylinderkopfes. Bestätigen Sie die Auswahl mit der rechten Maustaste und der Option *Weiter* und anschließend der rechten Maustaste und der Option *OK*. Kehren Sie danach ins Register *Konstruktion* zurück.

2.3.1 Befehlsgrundlagen DRUCKFEDER-GENERATOR

Abb. 23 Der Druckfeder-Generator

Der *Druckfeder-Generator* berechnet und konstruiert Druckfedern. Im Gegensatz zum *Zugfeder-Komponenten-Generator* kann die Druckfeder bereits während des Befehls auf vorhandenen geometrischen Elementen der Baugruppe platziert werden. Eine nachträgliche Platzierung von Abhängigkeiten ist daher nicht notwendig.

2.3.1.1 Reiter KONSTRUKTION

INHALT

Der Reiter *Konstruktion* bietet eine Platzierung der Druckfeder, die Auswahl der installierten Länge und die Definition der geometrischen Federeigenschaften (Federanfang, Federende, Federlänge und Federdurchmesser) an.

Konstruktion einer Druckfeder

Abb. 24 Der Druckfeder-Generator (Reiter: Konstruktion)

OPTIONEN

1) Reiter: Konstruktion/ Berechnung
2) Platzierung (Achse, Ebene), Federbelastung
3) Federdrahtdurchmesser
4) Federanfang
5) Federende
6) Federlänge
7) Federdurchmesser
8) Berechnungsergebnisse

2.3.1.2 Reiter BERECHNUNG

INHALT

Im Reiter *Berechnung* werden Berechnungstyp, Berechnungsoptionen, Federmaterial und Federbelastung festgelegt.

OPTIONEN

1) Reiter: Konstruktion/ Berechnung
2) Berechnungstyp
3) Berechnungsoptionen
4) Belastung
5) Bemaßungen
6) Windungen
7) Federmaterial
8) Kontrolle auf Ausknicken
9) Dauerbelastung
10) Montageabmessungen der Feder

Konstruktion einer Druckfeder

Abb. 25 Der Druckfeder-Generator (Reiter: Berechnung)

2.3.2 Druckfeder zwischen Ventil und Zylinderkopf erzeugen

Abb. 26 Der Druckfeder-Generator (Reiter: Konstruktion)

Konstruktion einer Druckfeder

Starten Sie den Befehl ≣ *Druckfeder*. Im Reiter *Konstruktion* ist im Bereich *Platzierung* als ▣ *Achse* die in Abb. 27 markierte Zylinderfläche des Ventilschafts zu wählen. Als ▣ *Startebene* soll die markierte Oberfläche des Zylinderkopfes gewählt werden.

Übernehmen Sie die restlichen Werte und Einstellungen der beiden Reiter *Konstruktion* und *Berechnung* aus den Abb. 26 und 28.

Abb. 27 Platzierung der Druckfeder (Achse, Startebene)

HINWEIS: Der Wert für die *minimale Belastungslänge* errechnet sich automatisch anhand der Eingaben im Reiter *Berechnung*.

Druckfeder-Generator

Konstruktion	f_G Berechnung

Festigkeitsberechnung der Feder
Entwurf der Druckfeder

Berechnungsoptionen
Typ des Entwurfs
F, D --> d, L_0, n, Montageabmessungen

Methode der Belastungskrümmungskorrektur
Keine Korrektur

Entwurf der Einbaumaße
Entwurf aller Einbaumaße L_1, L_8, H

Belastung
Min. Belastung F_1 1 N
Max. Belastung F_8 3,8 N
Arbeitsbelastung   F   3,000 N

Bemaßungen
Drahtdurchmesser   d   0,500 mm
Außendurchmesser D_1 8 mm
Länge der entspannten Feder L_0 19,441 mm

Federwindungen
Runden der Windungsanzahl   1
Aktive Windungen   n   5,000 oE

Material der Feder
Benutzerdef. Material
Zugfestigkeitsspannung σ_{ult} 1860,000 MPa
Zulässige Torsionsspannung τ_A 930,000 MPa
Schubelastizitätsmodul   G   68500,000 MPa
Dichte ρ 7850 kg/m^3
Gebrauchskoeffizient des Materials   us   0,900 oE

Kontrolle auf Ausknicken
Federtyp
Geführte Lagerung - parallel bearb. Auflageflächen

Dauerbelastung
Federn, nicht kugelgestrahlt
Lebensdauer in Tsd von Zyklen   N   >10000
Sicherheitskoeffizient k_f 1,200 oE

Montageabmessungen der Feder
H, L_1 --> L_8
Min. Belastunglänge L_1 15,499 mm
Max. Belastungslänge L_8 4,463 mm
Arbeitshub   H   11,036 mm
Arbeitsbelastungslänge L_W 7,616 mm

[Berechnen]   [OK]   [Abbrechen]

Abb. 28 Der Druckfeder-Generator (Reiter: Berechnung)

Theoretische Grundlagen zum Getriebeaufbau

Nachdem alle Werte übernommen wurden, kann die [Berechnen] *Berechnung* gestartet und der Befehl mit [OK] *OK* bestätigt werden. Der Schnitt kann ebenfalls [Schnitt beenden] *beendet* werden.

Kopieren Sie die Druckfeder (*Strg+C*) und fügen Sie sie weitere Male in die Baugruppe ein (*Strg+V*), bis jedes Ventil mit einer Feder versehen wurde. Die *Abhängigkeiten* zum Befestigen der Federn sind analog der ersten Feder zu setzen.

Abb. 29 Druckfeder wurde platziert

3 Getriebekonstruktion

3.1 Theoretische Grundlagen zum Getriebeaufbau

Abb. 30 Getriebeaufbau (schematische Darstellung)

Der Kraftfluss erfolgt von der Kurbelwelle (1) über ein Verbindungselement (2) zum Getrieberaum. Die Kupplung (3) leitet diesen weiter zur Antriebswelle (4). In unserem Übungsbeispiel verwenden wir ein Ziehkeilgetriebe, bei welchem alle Zahnradpaare ständig im Eingriff sind (5). Die Zahnräder der Antriebswelle sind fest mit dieser verbunden, die Zahnräder der Abtriebswelle (8) sind frei drehbar. Die Abtriebswelle ist hohl und führt einen Keil (Ziehkeil).

Er wird durch eine Rollenkette bewegt, welche axial durch die Welle läuft. Je nach Position des Keils werden Zahnrad und Abtriebswelle miteinander verbunden. Beim Rückwärtsgang wird der Kraftfluss von der Antriebswelle über eine Rücklaufwelle (6) auf die Abtriebswelle übertragen. Dabei ändert sich die Drehrichtung. Die Abtriebswelle leitet den Kraftfluss dann zum Kegelradgetriebe (9) weiter.

3.2 Lagerung der Wellen
3.2.1 Lagerhalterungen importieren

Der Aufbau des Getriebes erfordert im ersten Schritt den Import einiger Bauteile aus dem Projektordner.

Platzieren Sie das Bauteil *Antriebswelle-Zwischenhalter.ipt* (Projektordner) insgesamt drei Mal in der Baugruppe und *positionieren* Sie diese wie in Abb. 31 dargestellt. Achten Sie darauf, die neuen Bauteile sauber und bündig auf die hierfür vorgesehenen Sockel zu setzen.

Abb. 31 Platzieren der Zwischenhalter

3.2.2 Befehlsgrundlagen LAGER-GENERATOR

Abb. 32 Der Lager-Generator

Mit dem *Lager-Generator* können verschiedene Lagertypen berechnet und konstruiert werden. Diese können entsprechend einer Norm oder Kategorie ausgewählt und anhand bereits vorhandener geometrischer Elemente der Baugruppe positioniert werden.

3.2.2.1 Reiter KONSTRUKTION

INHALT

Im Reiter *Konstruktion* können Typ, Größe und Position des Lagers bestimmt werden.

Lagerung der Wellen

Abb. 33 Der Lager-Generator (Reiter: Konstruktion)

OPTIONEN

1) Reiter: Konstruktion/ Berechnung
2) Lagertyp
3) Platzierung
4) Abmessungen
5) Lager regenerieren
6) Verfügbare Lagergrößen

3.2.2.2 Reiter BERECHNUNG

Abb. 34 Der Lager-Generator (Reiter: Berechnung)

Im Reiter *Berechnung* können Randbedingungen zu Berechnungstyp, Belastung, Schmierung und Gebrauchsdauer festgelegt werden.

OPTIONEN

1) Reiter: Konstruktion/ Berechnung
2) Typ der Festigkeitsberechnung
3) Belastungen
4) Schmierung
5) Eigenschaften des Lagers
6) Gebrauchsdauer
7) Verfügbare Lagergrößen
8) Berechnungsergebnisse

3.2.3 Erzeugen eines Zylinderrollenlagers

Die zuletzt eingefügten Bauteile (Antriebswelle-Zwischenhalter.ipt) enthalten runde Aussparungen, in welche die Zylinderrollenlager platziert werden müssen. Starten Sie den Befehl **Lager**.

Abb. 35 (L) Auswahl Zylinderrollenlager; (R) Auswahl Norm, Kategorie und Typ

Klicken Sie im Reiter *Konstruktion* auf den Auswahlbereich für den Lagertyp (Abb. 35/ L). Im neu geöffneten Auswahlfenster aktivieren Sie die Norm *DIN*, die Kategorie *Zylinderrollenlager* und wählen den Typ *DIN 5412 SKF – TYP N* (Abb. 35/ R). Zurück im Hauptbefehl muss als Referenz für die *zylindrische Fläche* die in Abb. 36 markierte Zylinderfläche der Aussparung (erstes Führungselement) und als *Startebene* die markierte Stirnfläche des selben Führungselements gewählt werden.

Aus der Tabellenauswahl im unteren Bereich des Befehlsfensters ist das Lager der zweiten Zeile (*N 204 EC*, Außen ⌀: 47 mm, Innen ⌀: 20 mm, Breite: 14 mm) zu aktivieren und der Befehl im Anschluss mit *OK* zu bestätigen. Achten Sie darauf, dass das Lager N 204 EC nur ausgewählt werden kann, wenn keine abweichenden Randbedingungen für den Innendurchmesser des Lagers definiert wurden (Markierungen in Abb. 35/ L).

Lagerung der Wellen

Abb. 36 Referenzen wählen (zylindrische Fläche, Startebene)

Nachdem das erste Lager erzeugt wurde, ist der letzte Befehl insgesamt fünfmal zu wiederholen. Verwenden Sie die Aussparungen der restlichen beiden Zwischenhalter (Antriebswelle-Zwischenhalter.ipt) und die drei Aussparungen im Getrieberaum des Motorgehäuses. Achten Sie darauf, dass die Lager stets in die korrekte Richtung erzeugt werden und nicht außerhalb der Lagerung.

3.2.4 Modellbaum strukturieren

Abb. 37 (L) Markieren der drei Komponenten im Modellbaum; (R) Zwei neue Ordner

Um die Baugruppe etwas übersichtlicher zu gestalten und den Modellbaum nicht unnötig lang werden zu lassen, markieren Sie die drei Bauteile *Antriebswelle-Zwischenhalter.ipt* und wählen mit der rechten Maustaste die Option *Zu neuem Ordner hinzufügen*.

Der Ordner soll die Bezeichnung *Antriebswelle-Zwischenhalter* erhalten (Abb. 37/ L, R).

Abb. 38 Den Zylinderrollenlagern eine neue Farbe zuweisen

Als nächstes sollen die sechs Bauteile *Zylinderrollenlager.ipt* in den Ordner *Lager* eingefügt und außerdem mit der Farbe *Blau-Wandfarbe-glänzend* belegt werden (Abb. 37/ R und Abb. 38).

Befestigung der Lagerhalterungen

3.2.5 Importieren der oberen Lagerhalterungen

Abb. 39 (L) 1. Komponente platziert; (M) Detaildarstellung 1. Komponente; (R) Übersicht aller 6 Komponenten

Platzieren Sie das Bauteil *Antriebs-Abtriebswelle-Halter.ipt* aus dem Projektordner und legen Sie es sechsmal in der Baugruppe ab. Die neu eingefügten Komponenten sollen, wie in Abb. 39 dargestellt, *positioniert* werden.

Achten Sie darauf, die Halter sauber und bündig auf die vorhandenen Elemente zu setzen.

3.2.6 Modellbaum strukturieren

Abb. 40 (L) Markieren der sechs neu eingefügten Halter im Modellbaum; (R) Neu erzeugter Ordner

Die neu eingefügten Bauteile danach im Modellbaum markieren und den Ordner *Antriebs-Abtriebswelle-Halter* (Abb. 40) daraus erzeugen.

3.3 Befestigung der Lagerhalterungen

Die Lagerhalterungen können jetzt durch Schraubenverbindungen befestigt werden. Zum einen müssen die Bauteile *Antriebswelle-Zwischenhalter.ipt* und *Motorgehaeuse.ipt* verbunden werden, zum anderen die Bauteile *Antriebswelle-Zwischenhalter.ipt* und *Antriebs-Abtriebswelle-Halter.ipt*.

Das Programm bietet hier die Möglichkeit, Gewindebohrungen und Verbindungskomponenten aus dem Inhaltscenter (Schrauben, Scheiben, Muttern) in einem einzigen Schritt zu erzeugen.

Befestigung der Lagerhalterungen

3.3.1 Befehlsgrundlagen SCHRAUBENVERBINDUNGS-GENERATOR

Abb. 41 Der Schraubenverbindungs-Generator

Mit dem *Schraubenverbindungs-Generator* können Schraubenverbindungen, bestehend aus Schraube, Scheibe und Mutter, erzeugt und Festigkeits-, Belastungs- und Ermüdungsberechnungen durchgeführt werden. Bohrungen und Gewinde werden in die betreffenden Bauteile (passend zu den Verbindungselementen) automatisch eingefügt.

3.3.1.1 Reiter KONSTRUKTION

Abb. 42 Der Schraubenverbindungs-Generator (Reiter: Konstruktion)

INHALT

Der Reiter *Konstruktion* dient zur Positionierung des Verbindungselements, zur Definition von Bohrungsart und Gewindetyp sowie zur Auswahl der zu montierenden Schrauben, Scheiben und Muttern.

OPTIONEN

1) Reiter: Konstruktion/ Berechnung/ Ermüdungsberechnung

2) Bohrungen durchgängig oder begrenzt erzeugen

Befestigung der Lagerhalterungen

3) Platzierungstyp (Linear, Konzentrisch, Auf Punkt, Nach Bohrung)
4) Gewindetyp
5) Einstellungen importieren/ exportieren, Berechnung, Dateibenennung
6) Komponenten einfügen
7) Vorschau (chronologisch)

3.3.1.2 Reiter BERECHNUNG

Abb. 43 Der Schraubenverbindungs-Generator (Reiter: Berechnung)

INHALT

Mit dem Reiter *Berechnung* können die gewählten Verbindungselemente überprüft werden. Sie können verschiedene Belastungen wählen, Materialien ändern und verschiedene Berechnungstypen aktivieren.

OPTIONEN

1) Reiter: Konstruktion/ Berechnung/ Ermüdungsberechnung
2) Typ der Festigkeitsberechnung
3) Belastungen
4) Plattenmaterial
5) Verbindungseigenschaften
6) Schraubeneigenschaften
7) Schraubenmaterial
8) Ermüdungsberechnung, Berechnung, Ergebnisdarstellung als *.html
9) Ergebnisdarstellung

Befestigung der Lagerhalterungen

> **HINWEIS**: Um den Reiter *Berechnung* öffnen zu können, muss vorab im Reiter *Konstruktion* die gleichnamige Option ƒ₀ *Berechnung* aktiviert werden.

3.3.1.3 Reiter ERMÜDUNGSBERECHNUNG

Abb. 44 Der Schraubenverbindungs-Generator (Reiter: Ermüdungsberechnung)

INHALT

Mit dem Reiter *Ermüdungsprüfung* können Belastungsschwankungen unter Verwendung verschiedener Methoden berechnet werden.

OPTIONEN

1) Reiter: Konstruktion/ Berechnung/ Ermüdungsberechnung
2) Belastungsart (schwankend, wiederkehrend, asymmetrisch, symmetrisch umgekehrt)
3) Berechnungsparameter
4) Ermüdungsfestigkeitsberechnung
5) Parameter für die Ermüdungsgrenzen
6) Berechnungsvorlagen exportieren, Dateibenennung aktivieren/ deaktivieren, Berechnungsdaten zurücksetzen oder Ergebnisse als *.html darstellen
7) Ergebnisdarstellung

> **HINWEIS**: Um den Reiter *Ermüdungsberechnung* öffnen zu können, muss vorab im Reiter *Konstruktion* die gleichnamige Option *Ermüdungsberechnung* aktiviert werden.

3.3.2 Lagerhalterungen der Antriebswelle miteinander verbinden

In der folgenden Übung sollen die Bauteile *Antriebswelle-Zwischenhalter.ipt* und *Antriebs-Abtriebswelle-Halter.ipt* durch Schraubenverbindungen (Schrauben, Muttern) miteinander verbunden werden.

Befestigung der Lagerhalterungen

Abb. 45 (L) Startebene; (M) Startebene, Lineare Kante 1 + 2; (R) Ausführungstyp (untere Fläche)

Starten Sie den Befehl *Schraubenverbindung* und wählen Sie den Konstruktionstyp *Durch alle* und die Platzierung Linear *Linear*.

Als *Startebene* dient die markierte Fläche (Abb. 45/ L, M), als Referenzen der *linearen Kanten* sollen die beiden markierten Kanten (Abb. 45/ M) dienen. Der Abstand zur *linearen Kante 1* soll einen Wert von *5 mm*, der Abstand zur *linearen Kante 2* einen Abstand von *7 mm* betragen. Der *Ausführungstyp* soll die markierte Fläche (Abb. 45/ R) werden (Auflagefläche der Mutter).

Abb. 46 Auswahl Gewindedurchmesser

Im Auswahlfeld *Gewinde* ist der Typ *ISO Metrisches Profil* (Durchmesser *6 mm*) zu aktivieren (Abb. 46). Im rechten Bereich des Befehlsfenster werden die beiden benötigten Bohrungen bereits angezeigt:

Eine Bohrung für das Bauteil *Antriebswelle-Zwischenhalter.ipt* und eine Bohrung für das Bauteil *Antriebs-Abtriebswelle-Halter.ipt*. Klicken Sie auf die Schaltfläche oberhalb dieser beiden Bohrungen mit der Bezeichnung *Zum Hinzufügen einer Schraube hier klicken* (Abb. 47/ L). Im neu geöffneten Auswahlfenster wählen Sie die Norm *DIN*, die Kategorie *Zylinderkopfschrauben* und den Schraubentyp *DIN EN ISO 4762* (Abb. 47/ R).

Abb. 47 (L) Hinzufügen einer Schraube; (R) Auswahl der Schraube DIN EN ISO 4762

Zurück im Hauptbefehl muss die Schaltfläche unterhalb der beiden Bohrungen (rechtes Fenster) mit der Bezeichnung *Zum Hinzufügen einer Schraube hier klicken* gewählt werden (Abb. 48/ L). Aktivieren Sie die Norm *DIN*, die Kategorie *Muttern* und wählen Sie die Mutter *DIN EN 24036* (Abb. 48/ R).

Abb. 48 (L) Hinzufügen der Mutter; (R) Auswahl der Mutter DIN EN 24036

Der Schraubenverbindungs-Generator bietet die Möglichkeit, Vorlagen für Schraubenverbindungen zu exportieren. Die aktuelle Zusammenstellung (Schraube, Mutter, Bohrung), wird dann in Form einer XML-Datei gespeichert und kann jederzeit wieder aufgerufen werden.

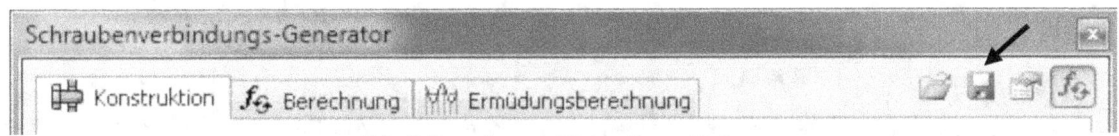

Abb. 49 Exportieren der Schraubenverbindung

Zurück im Hauptbefehl die Option *Vorlage exportieren* (Abb. 49) starten. Im neu geöffneten Eingabefenster wählen Sie den Speicherort Ihres Projektes, tragen den Dateinamen *Schraubverbindung-M6* ein, verwenden den Dateityp *Vorlagen (*.xml)* und *Speichern* dann.

Der Befehl Schraubenverbindungs-Generator kann jetzt durch *OK* OK bestätigt werden, und das Programm berechnet die Schraubenverbindung.

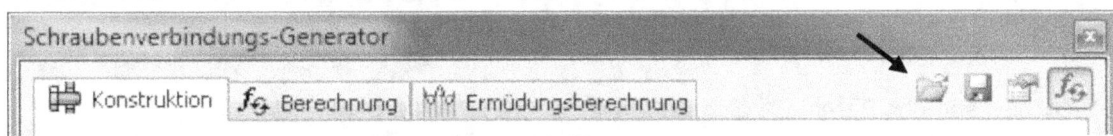

Abb. 50 Importieren der Schraubenverbindung

Die folgenden Schraubenverbindungen können etwas schneller erstellt werden. Starten Sie den Befehl *Schraubenverbindung* und aktivieren Sie die Option *Vorlage importieren* (Abb. 50). Im neu geöffneten Auswahlfenster ist die Datei *Schraubverbindung-M6.xml* zu wählen und durch *Öffnen* Öffnen zu bestätigen.

Befestigung der Lagerhalterungen

Abb. 51 Schraubenverbindung importiert

Schraube, Mutter und Bohrung wurden aus der Vorlage importiert, sind allerdings noch grau hinterlegt, da vorerst die Referenzen definiert werden müssen. Verwenden Sie in den Bereichen *Typ* und *Platzierung* dieselben Einstellungen wie in der vorhergehenden Schraubenverbindung und platzieren Sie die Komponenten auf der in Abb. 51 markierten Position.

HINWEIS: Die restlichen Bauteile *Antriebswelle-Zwischenhalter.ipt* und *Antriebs-Abtriebswelle-Halter.ipt* werden aufgrund der identischen Quelldatei automatisch mit Bohrungen versehen. Wenn die Schraubenverbindungen an Bauteilen mit bereits vorhandenen Bohrungen erzeugt werden, muss der Platzierungstyp ⦿ *Nach Bohrung* verwendet werden. Das Programm würde ansonsten versuchen, eine Bohrung in nicht vorhandenem Material zu erzeugen und deshalb eine Fehlermeldung erzeugen.

Im nächsten Schritt sollen die beiden in Abb. 52 markierten Bauteile *Antriebswelle-Zwischenhalter.ipt* und *Antriebs-Abtriebswelle-Halter.ipt* miteinander verschraubt werden.

Abb. 52 Vier weitere Schraubenverbindungen erzeugen

Starten Sie den Befehl *Schraubenverbindung*, verwenden Sie den Platzierungstyp ⦿ *Nach Bohrung*, importieren Sie die Vorlage *Schraubverbindung-M6.xml* und erzeugen Sie eine Schraubenverbindung nach der anderen, bis alle vier erstellt wurden. Die drei Bauteile *Antriebswelle-Zwischenhalter.ipt* sollen jetzt im unteren Bereich mit dem Bauteil *Motorgehaeuse.ipt* verschraubt werden.

3.3.3 Lagerhalterungen der Wellen am Motorgehäuse befestigen

Auch hier soll der Befehl *Schraubenverbindung* verwendet werden. Aufgrund der geometrischen Gegebenheiten können beide Komponenten nicht durch eine Durchgangsbohrung mit Schraube und Mutter verbunden werden.

Das Bauteil *Antriebswelle-Zwischenhalter.ipt* muss daher mit einer einfachen Bohrung, das Bauteil *Motorgehaeuse.ipt* mit einer Gewindebohrung versehen werden. Verschraubt werden beide Komponenten mit einer Zylinderkopfschraube.

Befestigung der Lagerhalterungen

Abb. 53 Auswahl von Schraubentyp, Platzierung und Gewinde

Starten Sie den Befehl Schraubenverbindung, wählen Sie die Option Nicht durchgehend, den Platzierungstyp Linear und die dazugehörigen Referenzen (Startebene, lineare Kanten (5 mm, 7 mm) und Sackloch-Startebene), wie in den Abb. 53 und 54 dargestellt.

Abb. 54 (L) Position der Bohrung; (R) Startfläche, zwei Referenzkanten und Sackloch-Startebene

HINWEIS: Als *Sackloch-Startebene* ist die markierte Fläche am Motorgehäuse zu wählen, auf welcher das Bauteil *Antriebswelle-Zwischenhalter.ipt* montiert wurde (Abb. 54/ R).

Die Abstände zu den Referenzkanten sind identisch zu den Abständen der letzten Schraubenverbindungen. Das Gewinde (Bohrung im Motorgehäuse) ist als *ISO Metrisches Profil* (Durchmesser *6 mm*) zu wählen. Im rechten Auswahlfenster ist die Option *Zum Hinzufügen einer Schraube hier klicken* zu aktivieren, darauf folgend im neu geöffneten Auswahlfenster die Norm *DIN*, die Kategorie *Zylinderkopfschrauben* und der Schraubentyp *DIN EN ISO 4762* zu wählen (Abb. 55). Den Befehl dann mit OK *OK* bestätigen.

Konstruktion der Getriebewellen

Abb. 55 (L) Hinzufügen einer Schraube; (R) Schraubentyp DIN EN ISO 4762 wählen

Der Befehl ist so oft zu wiederholen, bis alle Bauteile *Antriebswelle-Zwischenhalter.ipt* und *Antriebs-Abtriebswelle-Halter.ipt* mit dem *Motorgehaeuse.ipt* verschraubt wurden (Abb. 56).

HINWEIS: Verwenden Sie die Befehle *Vorlage exportieren* und *Vorlage importieren*, um die Daten der ersten Schraubenverbindung auf die folgenden zu übertragen.

Abb. 56 (L) Schraubenverbindungen der Antriebswelle; (R) Schraubenverbindungen der Abtriebswelle

Markieren Sie alle Schraubenverbindungen im Modellbaum und erzeugen Sie daraus den neuen Ordner *Schraubenverbindungen*. Die Baugruppe sollte jetzt erst einmal gespeichert werden. Achten Sie darauf, eine Erstspeicherung der neuen Komponenten zu gewährleisten.

3.4 Konstruktion der Getriebewellen
3.4.1 Platzieren der Lamellenkupplung

In unserem Übungsprojekt soll eine Lamellenkupplung verwendet werden, welche bei Motoren dieser Baugröße häufig eingesetzt wird. Sie ist platzsparend und kann in den Getrieberaum integriert werden. Lamellenkupplungen laufen im Ölbad, sind wartungsfrei, belastbar und langlebig.

Konstruktion der Getriebewellen

Abb. 57 (L) Kupplung einfügen; (M) Kupplung und Lager axial ausrichten; (R) Kupplung an Kurbelwelle ausrichten

Importieren Sie aus dem Projektordner das Bauteil *Kupplung.ipt* und *platzieren* Sie es wie in Abb. 57 dargestellt. Es muss axial im markierten Lager platziert werden und bündig mit der Stirnfläche der Kurbelwelle abschließen (Abb. 57/ M). Die markierte Stirnfläche der Kupplung soll auf derselben Höhe sitzen wie die markierte Stirnfläche der Kurbelwelle (Abb. 57/ R).

3.4.2 Befehlsgrundlagen WELLEN-GENERATOR

Abb. 58 Der Wellen-Generator

Mit dem *Wellen-Generator* können Wellen, bestehend aus verschiedenen Abschnitten und unterschiedlichen geometrischen Eigenschaften, berechnet und konstruiert werden. Sie können aus Vollmaterial oder als Hohlwelle erzeugt und mit Bohrungen, Kerben oder Nuten versehen werden.

3.4.2.1 Reiter KONSTRUKTION

Abb. 59 Der Wellen-Generator (Reiter: Konstruktion)

Konstruktion der Getriebewellen

INHALT

Der Reiter *Konstruktion* ermöglicht die Platzierung der Welle in einer vorhandenen Geometrie sowie die Verwaltung der Wellenabschnitte. Die Welle kann mit Fasen, Rundungen, Rillen, Gewinden, Nuten, Bohrungen, Einstichen oder Kerben versehen werden. Die einzelnen Wellenabschnitte können zylindrisch, geschnitten, kegelig, als Polygon oder nach einer vordefinierten Skizze erzeugt werden. Die Daten einer Welle können importiert oder exportiert werden.

OPTIONEN

1) Reiter: Konstruktion/ Berechnung/ Diagramme
2) Platzierung
3) Wellenabschnitte erzeugen/ bearbeiten
4) Wellentyp
5) Wellenabschnitte auflisten
6) Berechnungen, Dateibenennung, Zurücksetzen der Berechnungswerte

3.4.2.2 Reiter BERECHNUNG

Abb. 60 Der Wellen-Generator (Reiter: Berechnung)

INHALT

Im Reiter *Berechnung* werden Material, Berechnungseigenschaften und Belastungsarten festgelegt. Eine 2D-Vorschau zeigt die Berechnungsergebnisse der Belastungsanalyse.

Konstruktion der Getriebewellen

OPTIONEN

1) Reiter: Konstruktion/ Berechnung/ Diagramme
2) Wellenmaterial
3) Berechnungseigenschaften
4) Belastungsanalyse (2D-Vorschau)
5) Belastungen
6) Berechnungsergebnisse

3.4.2.3 Reiter DIAGRAMME

Abb. 61 Der Wellen-Generator (Reiter: Diagramme)

INHALT

Der Reiter *Diagramme* bietet, zusätzlich zur grafischen Vorschau der Wellenbelastung, ein Diagramm mit der grafischen Darstellung der Berechnungsergebnisse (Schubkräfte, Biegekräfte, Spannungen, Drehmomente). Im linken Bereich des Befehlsfensters können die einzelnen Berechnungsdiagramme gewählt werden, in der Mitte werden sie dargestellt, rechts befinden sich die tabellarischen Berechnungsergebnisse.

OPTIONEN

1) Reiter: Konstruktion/ Berechnung/ Diagramme
2) Diagrammauswahl
3) Wellenbelastung, Diagramm
4) Berechnungsergebnisse

3.4.3 Konstruktion der Antriebswelle

Im ersten Schritt soll die Antriebswelle konstruiert werden. Sie wird fünf Zahnräder tragen, vier für die Vorwärtsgänge und einen für den Rückwärtsgang.

Die Antriebswelle ist mit der Kupplung verbunden und überträgt den Kraftfluss über die Zahnräder, entweder direkt auf die Abtriebswelle (Vorwärtsgänge), oder über die Rücklaufwelle zur Abtriebswelle (Rückwärtsgang).

Abb. 62 Die Antriebswelle

Abb. 63 Platzierung der Welle anhand der vorhandenen geometrischen Elemente

Starten Sie den Befehl Welle (Reiter *Konstruktion*) und wählen Sie im Bereich *Platzierung* als Referenz für die *zylindrische Fläche* die in Abb. 63 markierte Zylinderfläche des sich neben der Kupplung befindlichen Lagers. Als Referenz der *planaren Startfläche* ist die markierte Fläche der Kupplung zu wählen. Als Referenz der *planaren Fläche der Arbeitsebene* ist die markierte Fläche des Motorgehäuses zu wählen.

Die Welle sollte jetzt als Vorschau angezeigt werden. Achten Sie darauf, dass die Welle (wie in Abb. 64 dargestellt) von der Kupplung weg zeigt. Sollte dies bei Ihnen nicht der Fall sein (die Welle verläuft durch die Kupplung hindurch), muss die Richtung mit der Option *Seite umkehren* geändert werden.

Die Antriebswelle besteht aus mehreren Abschnitten, welche in der folgenden Übung erzeugt werden sollen. Im Bereich *Elemente* muss zunächst die Option *Elemente* eingestellt werden (Abb. 63).

Konstruktion der Getriebewellen

Abb. 64 Antriebswelle wurde platziert und ist in der Vorschau bereits sichtbar

Der Strukturbaum im Bereich Elemente stellt die Anzahl der bereits vorhandenen Wellenabschnitte dar. Je nach Voreinstellung des Programms können hier bereits mehr oder weniger Abschnitte vorhanden sein. Löschen Sie alle Abschnitte bis auf den ersten. Verwenden Sie die Option ✕ *Löschen*.

Abb. 65 (L) Wellenabschnitt vor der Bearbeitung; (R) Wellenabschnitt nach der Bearbeitung

Abb. 66 (L) Option: Fase; (R) Fasen-Typ, Abstand und Winkel

Sobald alle Abschnitte (bis auf den ersten) gelöscht wurden, kann mit dessen Bearbeitung begonnen werden. Anfang, Mitte und Ende jedes Wellenabschnitts können separat bearbeitet werden. Beginnen Sie mit dem in Abb. 65/ L markierten (links stehenden) ▭ ▾ *Symbol* (Element der ersten Kante).

Klicken Sie auf das ▭ ▾ *kleine Dreieck* dieses Symbols (Abb. 65/ L) und wählen Sie die Option ◢ *Fase* (Abb. 66/ L). Die Werte und Einstellungen sind Abb. 66/ R zu entnehmen. Wiederholen Sie die Option ◢ *Fase* beim ▭ ▾ *Element der zweiten Kante* mit den gleichen Werten (Abb. 65/ L, rechtes Symbol).

Abb. 67 Definition von Durchmesser und Länge

Anfang und Ende des Abschnitts wurden jetzt jeweils mit einer Fase versehen. Der Abschnitt muss jetzt in Durchmesser und Länge festgelegt werden.

Klicken Sie auf das rechts stehende Symbol mit den ⋯ *drei Punkten* (Eigenschaften). Ein weiteres Eingabefenster (*Zylinder*) öffnet sich. Hier können für den Hauptdurchmesser (*D*) der Wert *73 mm*, für die Länge (*L*) der Wert *2 mm* gewählt und die Eingabe mit OK *OK* bestätigt werden (Abb. 67).

Abb. 68 (L) Neuer Abschnitt eingefügt; (R) Maße des neuen Abschnitts wurden geändert

Zurück im Hauptbefehl dann die Option *Zylinder einfügen* aktivieren, um einen weiteren Wellenabschnitt zu erzeugen.

Die zweite Fase des ersten Wellenabschnitts sollte jetzt rot dargestellt sein, da das Programm die Fase (aufgrund des identischen Durchmessers beider Abschnitte) nicht berechnen kann (Abb. 68/ L).

Abb. 69 (L) Option Rundung; (R) Rundungsradius eingeben

Konstruktion der Getriebewellen

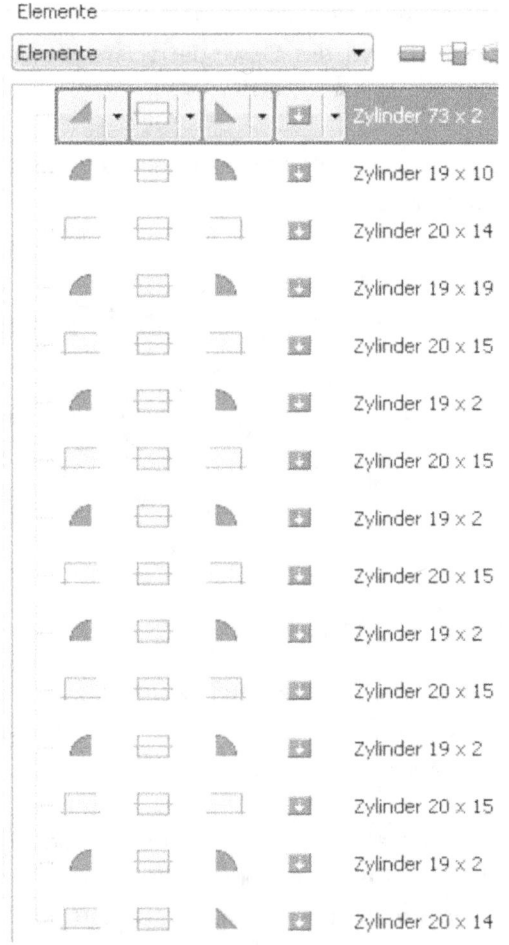

Abb. 70 Weitere Wellenabschnitte erzeugen

Um dieses Problem zu lösen, ändern Sie beim neuen Abschnitt die ... *Eigenschaften* auf (*D*) = *19 mm* und (*L*) = *10 mm* (Abb. 68/ R). Das rote Schriftbild des ersten Abschnitts sollte jetzt wieder normal dargestellt werden. Bearbeiten Sie auch die Wellenenden des neuen Abschnitts. Beide Seiten (,) sollen eine *Rundung* mit einem Radius von *0,5 mm* erhalten (Abb. 69).

Erzeugen Sie weitere *Wellenabschnitte*, bis insgesamt 15 Abschnitte im Fenster *Elemente* vorhanden sind. Übernehmen Sie die Abmessungen der einzelnen Abschnitte aus Abb. 70.

Wie in Abb. 70 dargestellt, sollen einige Abschnitte an Anfang und Ende mit einer *Rundung* (Radius *0,5 mm*) versehen werden. Der letzte Abschnitt erhält an dessen Ende eine *Fase* (Abstand *0,5 mm*, Winkel *45°*).

Wenn alle Abschnitte erzeugt wurden, kann der Befehl mit OK *OK* bestätigt werden.

3.4.4 Befestigungsflansch der Antriebswelle mit Bohrungen versehen

Abb. 71 (L) Welle und Kupplung isoliert; (M) der Welle die Farbe: GLAS zuweisen; (R) neue 2D-Skizze erzeugen

Um die Antriebswelle mit der Lamellenkupplung verbinden zu können, müssen im Befestigungsflansch der Welle (erster Wellenabschnitt, 73 x 2 mm) Bohrungen erzeugt werden.

Konstruktion der Getriebewellen

Markieren Sie Kupplung und Antriebswelle im Modellbaum und isolieren Sie die beiden Bauteile (rechte Maustaste > Isolieren). Um die Sicht auf die Gewindebohrungen der Kupplung zu erleichtern, soll der Welle die Farbe Glas zugewiesen werden (Abb. 71/ M).

Doppelklicken Sie danach auf die Welle um in ihren Baugruppenbereich zu gelangen. Doppelklicken Sie erneut auf die Welle um das Bauteil zu bearbeiten.

Abb. 72 (L) Projizieren der Bohrungen; (M) Befehlsoptionen der Extrusion; (R) Welle mit Bohrungen und neuer Farbe

Im Bauteil Welle angelangt, erzeugen Sie eine neue 2D-Skizze auf der in Abb. 71/ R markierten Fläche. Projizieren Sie die sechs markierten Bohrungen der Kupplung (Abb. 72/ L) und beenden Sie den Skizzenmodus danach wieder.

Zurück im Modellbereich ist der Befehl Extrusion zu starten und die sechs projizierten Kreise zu extrudieren (Differenz, Größe: Alle, Abb. 72/ M). Bauteilbereich und Baugruppenbereich der Welle können anschließend verlassen werden. Zurück im Baugruppenbereich der Hauptbaugruppe, soll der Welle die Farbe Chrom-poliert-blau zugewiesen werden.

3.4.5 Schrauben aus dem Inhaltscenter importieren

In der folgenden Übung sollen Schrauben aus dem Inhaltscenter in die Baugruppe importiert werden. Starten Sie den Befehl Aus Inhaltscenter platzieren (Register Zusammenfügen).

Aktivieren Sie AutoDrop, um alle sechs Schrauben zeitgleich erzeugen zu können. Öffnen Sie die Kategorie Verbindungselemente – Schrauben – Zylinderkopf, wählen Sie hier die DIN EN ISO 4762 und bestätigen Sie den Befehl danach mit OK.

Als Bohrungsreferenz ist eine der Gewindebohrungen der Kupplung aus Abb. 73/ L zu wählen, als planare Fläche die in Abb. 73/ M markierte Fläche der Kupplung. Ziehen Sie am Doppelpfeil der Schraube, bis der Wert M6 X 10 erreicht (Abb. 73/ R) wurde. Aktivieren Sie die Option Mehrere einfügen und bestätigen den Sie Befehl anschließend.

Abb. 73 (L) Auswahl der Gewindebohrung; (M) Auswahl der Startfläche; (R) Bearbeiten der Schraubenlänge

Nachdem alle Schrauben erzeugt wurden, sind noch einige Korrekturen notwendig. Die zuletzt in die Antriebswelle eingefügten Bohrungen sind abhängig von den Gewindebohrungen der Kupplung, die Welle wird im Modellbaum daher als ⟳ *adaptiv* gekennzeichnet (Abb. 74/ M).

3.4.6 Abschließende Arbeiten an der Antriebswelle

Abb. 74 (L) Schrauben erzeugt; (M) Adaptivität der Welle; (R) Axiale Abhängigkeit erzeugen

Diese Adaptivität soll entfernt und beide Komponenten (Kupplung, Antriebswelle) mit einer neuen Abhängigkeit aneinander gebunden werden. Klappen Sie im Modellbaum die Baugruppe ⚙ *Welle* auf und entfernen Sie vom Bauteil ▩ *Welle* die ⟳ *Adaptivität* (*rechte Maustaste > Adaptiv*).

Die Kupplung muss jetzt etwas gedreht werden, bis Schrauben und Bohrungen der Welle nicht mehr auf derselben Position sitzen (Abb. 74/ R). Im Anschluss soll eine axiale ⌐ *Abhängigkeit* zwischen einer der Bohrungen der Welle und einer Schraube der Kupplung erzeugt werden (Abb. 74/ R).

Die Welle ist während ihrer Konstruktion auf ihre derzeitige Position innerhalb des Getriebes platziert worden. Hierbei wurde eine Winkelabhängigkeit definiert, welche jetzt wieder deaktiviert werden muss. Klappen Sie im Modellbaum die Baugruppe ⚙ *Welle* auf und unterdrücken Sie die in Abb. 75/ L markierte △ *Winkelabhängigkeit* (*rechte Maustaste > Unterdrücken*).

Konstruktion der Getriebewellen

Abb. 75 (L) Winkelabhängigkeit unterdrücken; (M) Neuen Ordner: Schrauben erzeugen; (R) Isolierung beendet

Die ausgeblendeten restlichen Komponenten der Baugruppe können wieder aktiviert werden (*rechte Maustaste > Isolieren rückgängig*). Markieren Sie die sechs neuen Schrauben im Modellbaum und fügen Sie diese in den neuen Ordner *Schrauben* ein.

3.4.7 Importieren der Halterungen für die Rücklaufwelle

Abb. 76 (L) Importieren der Halterungen für die Rücklaufwelle; (R) Erzeugen der Schraubenverbindungen

Platzieren Sie die Komponente *Rücklaufwelle-Halter.ipt* zweimal aus dem Projektordner in der Baugruppe und positionieren Sie diese bündig, wie in Abb. 76 dargestellt, an den beiden dafür vorgesehenen Absätzen im Getrieberaum des Motorgehäuses.

An den in Abb. 76/ R markierten Positionen sind insgesamt vier *Schraubenverbindungen* mit einem Gewinde (*ISO Metrisches Profil*) von *6 mm* und einem Schraubentyp (*Zylinderkopfschraube*) *DIN EN ISO 4762* zu erzeugen. Der Abstand zu den Referenzkanten ist auch hier mit *5* und *7 mm* zu bemessen.

Speichern Sie die Baugruppe anschließend. Achten Sie darauf, die neuen Komponenten ebenfalls zu sichern (*Ja, für alle*).

Nachdem die Halterungen der Rücklaufwelle eingefügt und befestigt wurden, kann die Rücklaufwelle erzeugt werden.

3.4.8 Konstruktion der Rücklaufwelle

Abb. 77 Die Rücklaufwelle

Die Rücklaufwelle ist sehr kurz und trägt nur ein Zahnrad (Rücklaufrad). Der Kraftfluss wird von der Antriebswelle über die Zahnräder auf die Rücklaufwelle übertragen und von dieser auf die Abtriebswelle weitergeleitet. Durch diesen Übergang entsteht eine Umkehr der Drehrichtung. Die Welle soll erzeugt werden, ohne Referenzen zur Platzierung der Welle im Getrieberaum bereits während des Befehls zu definieren. Die Positionierung erfolgt nachträglich.

Starten Sie den Befehl *Welle* und löschen Sie alle vorhandenen Abschnitte bis auf die ersten fünf. Übernehmen Sie alle Durchmesser und Längen aus Abb. 78/ L. Fügen Sie den Abschnitten *Rundungen* (Radius *0,5 mm*) und *Fasen (0,5 mm* x *45°*) hinzu, wie in Abb. 78 dargestellt. Referenzen zur Positionierung sollen nicht festgelegt werden.

Abb. 78 (L) Die Abschnitte der Rückkaufwelle; (R) Platzierung der Rücklaufwelle in den Halterungen

Beenden Sie den Befehl mit *OK* und legen Sie die Welle frei im Zeichenbereich ab. Erzeugen Sie eine neue *Abhängigkeit*, axial und bündig zu den Bauteilen *Rücklaufwelle-Halter.ipt* (Abb. 78/ R). Der Welle soll dann die Farbe *Chrom-poliert-blau* zugewiesen werden.

Markieren Sie im Modellbaum die beiden Bauteile *Rücklaufwelle-Halter.ipt* und die vier neuen Schraubenverbindungen und erzeugen Sie daraus den Ordner *Halterung-Rücklaufwelle.ipt*. Speichern Sie die Baugruppe anschließend.

3.4.9 Konstruktion der Abtriebswelle

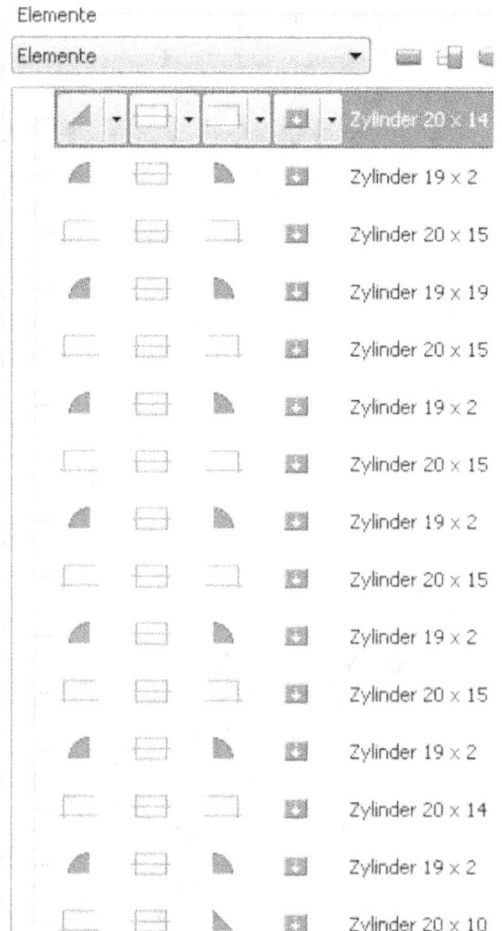

Abb. 79 Die Abschnitte der Abtriebswelle

Abb. 80 Die Abtriebswelle

Die Abtriebswelle trägt fünf Zahnräder (vier für die Vorwärtsgänge und einen für den Rückwärtsgang) und ein Kegelrad. Der Kraftfluss kann von der Antriebs- oder der Rücklaufwelle auf die Abtriebswelle übertragen werden und wird von dieser auf ein Kegelradgetriebe geleitet. Um die Schaltbarkeit der einzelnen Gänge gewährleisten zu können, muss die Abtriebswelle als Hohlwelle ausgeführt werden. Innerhalb dieser Hohlwelle wird ein Schaltmechanismus zum Schalten der Gänge verlaufen (ein Ziehkeil, welcher von einer Rollenkette bewegt wird).

Starten Sie den Befehl *Welle* und erzeugen Sie insgesamt 15 Wellenabschnitte. Längen und Durchmesser der Abschnitte sowie Position der Fasen und Rundungen sind Abb. 79 zu entnehmen. Alle Fasen sind mit dem Wert *0,5 mm x 45°* und alle Rundungen mit dem Radius *0,5 mm* auszuführen. Die Abtriebswelle kann frei im Zeichenbereich abgelegt und später positioniert werden.

Abb. 81 (L) Hinzufügen eines Hohlraumes; (R) Erzeugen zweier Fasen

Sobald alle Abschnitte erzeugt wurden, wechseln Sie im Feld *Elemente* zur Option `Hohlräume links` *Hohlräume Links* (Abb. 81/ L), um hier die Durchgangsbohrung für die Hohlwelle zu erzeugen. Aktivieren Sie die Option *Inneren Zylinder einfügen* und erzeugen Sie eine Bohrung (Durchmesser (D) *15 mm*, Länge (L) *144 mm*, Abb. 81/ L).

Fügen Sie dieser Bohrung zwei *Fasen (0,5 mm x 45°)* hinzu und bestätigen Sie den Befehl anschließend mit `OK` *OK* (Abb. 81/ L, R).

Abb. 82 Welle wird mit den beiden markierten Lagern verbunden (axial) und schließt bündig mit dem rechten Lager ab

Platzieren Sie die Welle axial in den beiden in Abb. 82 markierten Lagern. Die Welle soll bündig mit dem rechten Lager der Abb. 82 abschließen. Achten Sie auf die korrekte Position des Wellenabschnitts *19 × 19 mm*. Markieren Sie die Welle anschließend und weisen Sie ihr die Farbe *Chrom-poliert-blau* zu. Speichern Sie die Hauptbaugruppe anschließend.

3.5 Konstruktion der Zahnradpaare

Abb. 83 Schematische Darstellung Zahnradpaare

Bei einem Ziehkeilgetriebe sind die Zahnradpaare ständig im Eingriff und werden nicht voneinander getrennt. Die Zahnräder auf der Antriebswelle sind fest mit dieser verbunden. Die Zahnräder der Abtriebswelle können auf dieser frei gedreht werden. Wenn der Ziehkeil (in der Hohlwelle) sich unter eines der Zahnräder schiebt, aktiviert er eine Sperre und verbindet Zahnrad und Abtriebswelle miteinander. Der Kraftfluss wird dann über dieses Zahnradpaar auf die Abtriebswelle übertragen.

Konstruktion der Zahnradpaare

3.5.1 Befehlsgrundlagen STIRNRÄDER-GENERATOR

Abb. 84 Der Stirnräder-Generator

Der *Stirnräder-Generator* ermöglicht die Berechnung und Konstruktion von Stirnradpaaren. Sie erfolgt über die Definition von Übersetzungsverhältnis, Eingriffs- oder Schrägungswinkel und weiteren Randbedingungen. Die Stirnräder können auf bereits vorhandene geometrische Elemente der Baugruppe platziert oder frei im Raum abgelegt werden.

3.5.1.1 Reiter KONSTRUKTION

Abb. 85 Der Stirnräder-Generator (Reiter: Konstruktion)

INHALT

Im Reiter *Konstruktion* werden Berechnungstyp, Übersetzungsverhältnis, Achsabstand, Eingriffswinkel und geometrische Abmessungen der Stirnräder festgelegt.

OPTIONEN

---

1) Reiter: Konstruktion/ Berechnung
2) Allgemeine Konstruktionsdetails (Berechnungstyp, Übersetzungsverhältnis, Modul, Achsabstand, Eingriffswinkel, Schrägungswinkel)
3) Geometrie Stirnrad eins
4) Geometrie Stirnrad zwei
5) Berechnungswerte importieren/ exportieren, Berechnungseinstellungen

Konstruktion der Zahnradpaare

3.5.1.2 Reiter BERECHNUNG

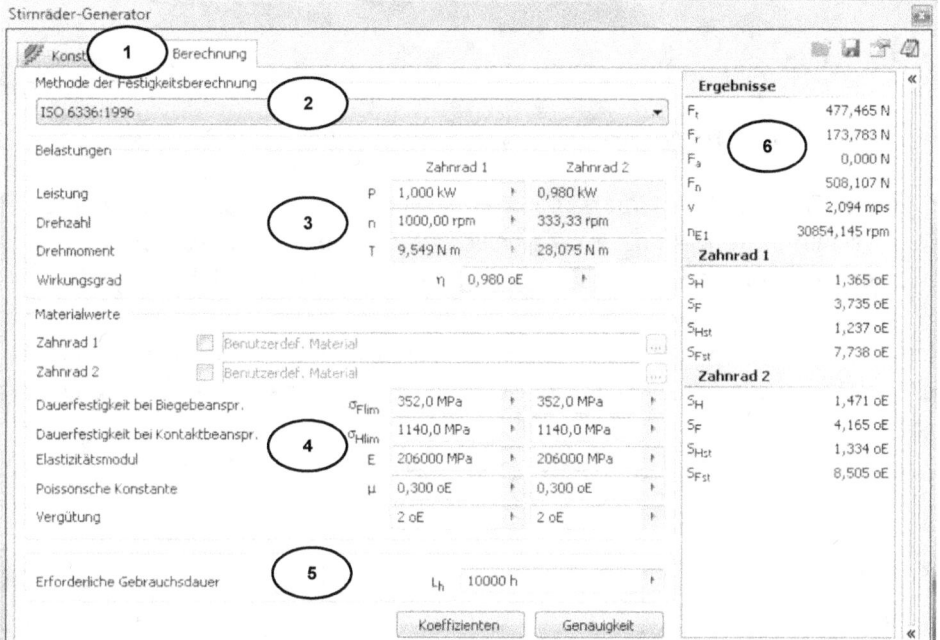

Abb. 86 Der Stirnräder-Generator (Reiter: Berechnung)

INHALT

Der Reiter *Berechnung* ermöglicht eine Auswahl der Methode der Festigkeitsberechnung sowie die Definition von Material, Gebrauchsdauer und Belastung.

OPTIONEN

1) Reiter: Konstruktion/ Berechnung
2) Methode der Festigkeitsberechnung
3) Belastungen
4) Materialauswahl
5) Gebrauchsdauer
6) Berechnungsergebnisse

3.5.2 Konstruktion des Zahnradpaares für den ersten Gang

In der folgenden Übung sollen die einzelnen Zahnradpaare konstruiert werden. Um die Darstellung übersichtlicher zu gestalten, markieren Sie die drei Wellen im Modellbaum und isolieren diese (*rechte Maustaste >* *Isolieren*). Starten Sie anschließend den Befehl *Stirnrad*.

Konstruktion der Zahnradpaare

Abb. 87 (L) Markieren der drei Wellen im Modellbaum; (R) Wellen wurden isoliert

Für den ersten Gang soll ein *Übersetzungsverhältnis* von *3:1* verwendet werden. Das bedeutet, dass sich die Drehzahl der Kurbelwelle nur zu einem Drittel von der Antriebs- auf die Abtriebswelle überträgt. Das Drehmoment hingegen, verdreifacht sich.

Die Anzahl der Zähne für das treibende Rad (Zahnrad 1) soll *20*, für das getriebene Rad (Zahnrad 2) *60* betragen. Beide Stirnräder sind mit einer Breite von *15 mm* zu konstruieren.

Abb. 88 Der Stirnräder-Generator (Reiter: Konstruktion) für den ersten Gang

Übernehmen Sie die Einstellungen aus Abb. 88 in der folgenden Reihenfolge:

- Konstruktionsführung: *Modul*
- Übersetzungsverhältnis: *3*
- Achsabstand: *80 mm*
- Eingriffswinkel: *20°*
- Schrägungswinkel: *0°*
- Einheitenkorrekturführung: *Benutzer*
- Zahnrad 1 -Option: *Komponente*

- Zahnrad 1 -Anzahl der Zähne: *20*
- Zahnrad 1 -Zahnbreite: *15 mm*
- Zahnrad 1 -Einheitenkorrektur: *0*
- Zahnrad 2 -Option: *Komponente*
- Zahnrad 2 -Zahnbreite: *15 mm*
- Berechnen

Konstruktion der Zahnradpaare

> **HINWEIS**: Sollte das Eingabefeld *Angestrebtes Übersetzungsverhältnis* nach Aktivierung der Konstruktionsführung *Modul* grau hinterlegt sein, wechseln Sie kurz zur Konstruktionsführung *Modul und Anzahl der Zähne* und dann wieder zurück zu *Modul*.

Abb. 89 Zahnräder werden positioniert

Nachdem die Werte berechnet wurden, können die Referenzen zur Positionierung der Zahnräder gewählt werden. Verwenden Sie die in Abb. 89 dargestellten Referenzen (zylindrische Fläche und Startebene).

Abb. 90 (L) Zahnradpaar links von der Startebene; (R) Position des Zahnradpaares korrigiert (rechts von der Startebene)

Achten Sie darauf, dass das Zahnradpaar, wie in Abb. 90/ R dargestellt, rechts neben der Startebene liegt. Sollte dies nicht der Fall sein (Abb. 90/ L), muss der Befehl *Seite umkehren* zur Korrektur verwendet werden (separat für jedes Zahnrad).

Der Befehl kann jetzt mit *OK* bestätigt werden, das Zahnradpaar wird berechnet. Die Baugruppe *Stirnräder:1* sollte im Modellbaum automatisch als *flexibel* gekennzeichnet worden sein werden. Sollte dies nicht der Fall sein, ist eine Korrektur notwendig (*rechte Maustaste > Flexibel*).

Konstruktion der Zahnradpaare

Abb. 91 (L) Fluchtende Abhängigkeiten (Modellbaum); (M) Versatzwert ändern; (R) Zahnräder neu positioniert

Überprüfen Sie die Flexibilität des Zahnradpaares, indem eines der Zahnräder bei gedrückter linker Maustaste bewegt wird. Das zweite Zahnrad sollte analog dazu bewegt werden. Die Achsen wurden den Zahnrädern bereits zugeordnet, die genaue Position des Zahnradpaares auf den Wellen muss allerdings noch festgelegt werden.

Klappen Sie die Baugruppe ⚙ Stirnräder:1 *Stirnräder* im Modellbaum auf (Abb. 91/ L). Um die Zahnräder auf den Wellen zu positionieren, wurden sie vom Programm mit zwei ▬ *fluchtenden Abhängigkeiten* versehen, welche in der folgenden Übung mit einem zusätzlichen Abstand (zur Startebene) versehen werden sollen. Bearbeiten Sie die erste Abhängigkeit ▬ *Fluchtend* (*rechte Maustaste > Bearbeiten*) und ändern Sie den *Versatzwert* auf *-62 mm* (Abb. 91/ M).

Das erste Zahnrad sollte jetzt in Richtung Achsmitte versetzt werden. Ändern Sie anschließend den Versatzwert der zweiten Abhängigkeit auf ebenfalls *-62 mm*. Beide Zahnräder sollten jetzt, wie in Abb. 91/ R dargestellt, auf den Achsen positioniert worden sein.

HINWEIS: Sollten die Zahnräder nicht in Richtung Wellenmitte, sondern außerhalb der Wellen positioniert worden sein, müssen die Vorzeichen der Versatzwerte auf positiv geändert werden. Die Anordnungen des Zahnradpaares bei Ihnen sollte mit Abb. 91/ R übereinstimmen.

3.5.3 Konstruktion der Zahnradpaare der restlichen Vorwärtsgänge

Für die folgenden drei Zahnradpaare der Vorwärtsgänge zwei, drei und vier, ist die Vorgehensweise identisch. Wiederholen Sie die vorherige Befehlskette und übernehmen Sie die Werte und Einstellungen aus den Abb. 92 bis 96.

Der zweite Gang erfordert ein *Übersetzungsverhältnis* von *2*, bei *30 Zähnen* für *Zahnrad1*. Die Reihenfolge der Werteeingabe sollte parallel zu der des ersten Zahnradpaares erfolgen.

Konstruktion der Zahnradpaare

Abb. 92 Der Stirnräder-Generator (Reiter: Konstruktion) für den zweiten Gang

Abb. 93 Zahnradpaar (2. Gang)

Abb. 94 Zahnradpaare (3. und 4. Gang)

Als Referenzen (zylindrische Fläche, Startebene), können dieselben geometrischen Elemente wie beim ersten Zahnradpaar verwendet werden. Alle Werte und Einstellungen sind Abb. 92 zu entnehmen.

Nachdem das Zahnradpaar berechnet wurde, müssen auch hier die Versatzwerte der beiden ▤ fluchtenden Abhängigkeiten geändert werden. Der neue Versatz soll -79 mm betragen. Kontrollieren Sie Beweglichkeit und korrekte Position des Zahnradpaares (Abb. 93).

Der dritte Gang soll mit einem Übersetzungsverhältnis von 1,5 und das Zahnrad1 mit 33 Zähnen versehen werden.Der neue Versatzwert der Zahnräder von der Ursprungsposition soll auf -96 mm geändert werden. Alle restlichen Werte und Einstellungen sind Abb. 95 zu entnehmen.

Das Übersetzungsverhältnis des vierten Ganges beträgt 1. Dieser Gang wird daher auch als Direktgang bezeichnet, da die Drehzahlen von Antriebs- und Abtriebswelle identisch sind.

Konstruktion der Zahnradpaare

Abb. 95 Der Stirnräder-Generator (Reiter: Konstruktion) für den dritten Gang

Die Anzahl der Zähne von *Zahnrad1* beträgt *40*, alle Werte und Einstellungen sind Abb. 96 zu entnehmen und der *Versatz* der Zahnräder zur Startebene soll *-113 mm* betragen.

Abb. 96 Der Stirnräder-Generator (Reiter: Konstruktion) für den vierten Gang

Mit dem letzten Zahnradpaar wurden alle vier Stirnräder der Vorwärtsgänge erfolgreich erzeugt. In der folgenden Übung sollen die Stirnräder des Rückwärtsgangs erstellt werden. Hier sind insgesamt drei Zahnräder erforderlich.

Konstruktion der Zahnradpaare

3.5.4 Importieren der Zahnräder für den Rückwärtsgang

Der Rückwärtsgang stellt in seiner Konstruktion eine Besonderheit dar. Da die Drehrichtung der Abtriebswelle geändert werden soll, muss der Kraftfluss über eine dritte (Rücklauf-) Welle geführt werden. Da der Stirnräder-Generator keine Möglichkeit bietet, mehr als zwei Stirnräder zeitgleich zu konstruieren, sollen Vorlagen aus dem Projektordner verwendet werden.

Abb. 97 (v.L.n.R.) Zahnräder wurden eingefügt; Stirnrad1 axial befestigt; Stirnrad2 axial befestigt; Stirnrad3 axial befestigt

Platzieren Sie die Bauteile *Rückwärtsgang-Stirnzahnrad1.ipt*, *Rückwärtsgang-Stirnzahnrad2.ipt* und *Rückwärtsgang-Stirnzahnrad3.ipt* aus dem Projektordner und legen Sie diese jeweils einmal in der Baugruppe ab (Abb. 97/ L). Setzen Sie drei axiale *Abhängigkeiten*. Das kleine Zahnrad (Breite *15 mm*) auf die Antriebswelle (Abb. 98/ 1), das kleine Zahnrad (Breite *32 mm*) auf die kurze Rücklaufwelle (Abb. 98/ 2) und das große Zahnrad auf die Abtriebswelle (Abb. 98/ 3).

Abb. 98 Positionierung der Zahnräder in der beschriebenen Reihenfolge

Alle drei Zahnräder sind im Anschluss mit einer *fluchtenden Abhängigkeit*, zu der in Abb. 98 markierten Seitenfläche der Antriebswelle zu versehen. Die beiden Zahnräder auf Abtriebs- und Rücklaufwelle sollen einen Versatz von *-28 mm* erhalten (Abb. 98/ 2, 3), das Zahnrad auf der Antriebswelle einen Versatz von *-45 mm* (Abb. 98/ 1) zur Referenzfläche.

Speichern Sie die Hauptbaugruppe danach, um die neu erzeugten Komponenten zu sichern.

Konstruktion der Zahnradpaare

3.5.5 Wellen und Zahnräder mit Bewegungsabhängigkeiten versehen

Abb. 99 (L) Antriebswelle und Zahnrad1 voneinander abhängig machen; (R) Detaildarstellung der Seitenflächen

Nachdem alle Stirnräder in die Baugruppe eingefügt wurden, müssen sie noch mit Bewegungsabhängigkeiten versehen werden. Im ersten Schritt sollen alle Zahnräder der Antriebswelle mit dieser fest verbunden werden. Dies erreichen wir durch eine Bewegungsabhängigkeit zwischen den Zahnrädern und Welle.

Starten Sie den Befehl *Abhängig machen* und wechseln Sie zum Reiter *Bewegung*. Sie benötigen den Typ *Drehung*, ein *Verhältnis* von *1:1* und den Modus *Vorwärts*. Als *Auswahl1* soll die *markierte Stirnfläche* der *Antriebswelle* verwendet werden, als *Auswahl2* die *markierte Stirnfläche* des *Zahnrades1* für den Rückwärtsgang (Abb. 99).

Bestätigen Sie den Befehl mit *Anwenden* und wiederholen Sie die Befehlskette bei den restlichen vier Zahnrädern der Antriebswelle. Drehen Sie die Welle anschließend bei gedrückter linker Maustaste. Die Zahnräder darauf sollten sich mit gleicher Geschwindigkeit und derselben Drehrichtung bewegen.

Abb. 100 (L) Markierte Positionen, an denen die Zahnräder ineinander greifen müssen; (R) Neue Bewegungsabhängigkeit

Im folgenden Schritt sollen die drei Zahnräder des Rückwärtsgangs mit einer Bewegungsabhängigkeit voneinander abhängig gemacht werden.

Konstruktion der Zahnradpaare

Zur besseren Ansicht sollten diese drei Zahnräder isoliert werden. Markieren Sie die drei Zahnräder und isolieren Sie sie (*rechte Maustaste* > *Isolieren*).

Wechseln Sie am *ViewCube* zur Ansicht *VORNE*. Zoomen Sie die Schnittstelle der beiden kleinen Zahnräder heran und drehen Sie diese, bis die Zähne kollisionsfrei ineinandergreifen (Abb. 101/ L). Drehen Sie anschließend das große Zahnrad, bis dessen Zähne kollisionsfrei mit denen des Zahnrades auf der Rücklaufwelle (kleines Zahnrad oben) ineinandergreifen (Abb. 101/ R). Starten Sie den Befehl *Abhängig machen*. Die erste Bewegungsabhängigkeit soll zwischen den beiden in Abb. 101/ L markierten Zahnrädern erzeugt werden. Verwenden Sie den Modus *Rückwärts*, den Typ *Drehung* und ein *Übersetzungsverhältnis* von *1:1*.

Abb. 101 (L) Abhängigkeit zw. Antriebs- und Rücklaufwelle; (R) Abhängigkeit zw. Rücklauf- und Abtriebswelle

Bestätigen Sie die Eingaben durch *Anwenden* und setzen Sie anschließend eine weitere *Bewegungsabhängigkeit* zwischen den beiden in Abb. 101/ R markierten Zahnrädern. Hier ist ein *Übersetzungsverhältnis* von *3:1* zu verwenden. Die restlichen Einstellungen sind identisch zur letzten Bewegungsabhängigkeit. Achten Sie hier auf die korrekte Zuordnung der Referenzen (*Auswahl1*, *Auswahl2*), wie in Abb. 101/ R dargestellt.

Drehen Sie an einem der Zahnräder, um die Bewegungsabhängigkeiten zu testen. Alle ausgeblendeten Komponenten der Hauptbaugruppe können jetzt wieder eingeblendet werden. Markieren Sie alle Stirnräder und weisen Ihnen die Farbe *Chrom-poliert-schwarz* zu. Markieren Sie alle grau hinterlegten Bauteile und Baugruppen im Modellbaum (nicht das Bauteil *Motorradrahmen.ipt*) bei gedrückter *STGR-Taste* und aktivieren Sie anschließend die Option *Sichtbarkeit* mit der *rechten Maustaste*.

Im nächsten Schritt soll die Abtriebswelle mit einem darauf angeordneten Stirnrad durch eine Bewegungsabhängigkeit miteinander verbunden werden. Starten Sie den Befehl *Abhängig machen* und wechseln Sie erneut ins Register *Bewegung*. Aktivieren Sie den Typ *Drehung*, den Modus *Vorwärts*, und tragen Sie ein *Übersetzungsverhältnis* von *1:1* ein.

Konstruktion des Kegelradgetriebes

 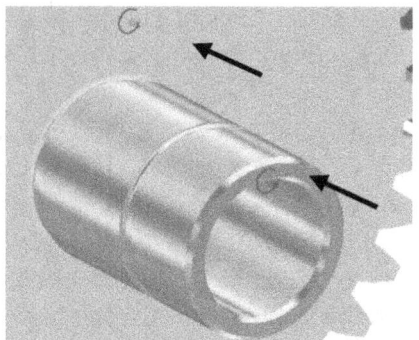

Abb. 102 (L) Abhängigkeit zwischen Zahnrad (vierter Gang) und Abtriebswelle erzeugen; (R) Detailansicht der Abtriebswelle

Abb. 103 Erzeugen des neuen Ordners: Stirnräder

Als Referenzen für *Auswahl1* und *Auswahl2* sind die beiden in Abb. 102 markierten Flächen (Seitenfläche des Zahnrades des vierten Ganges und Seitenfläche der Abtriebswelle) zu verwenden. Um den Modellbaum etwas zu strukturieren, erzeugen Sie aus den in Abb. 103/ L markierten Zahnrädern einen neuen Ordner *Stirnräder*.

3.6 Konstruktion des Kegelradgetriebes

Abb. 104 Kegelradgetriebe (schematische Darstellung)

Durch die Abtriebswelle verläuft eine Rollenkette, welche den Ziehkeil bewegt. Diese Konstruktion erfordert genügend Platz an den Seiten der Welle, um die Kette, welche durch Kettenräder geführt wird, in die Welle hinein- und wieder herausbewegen zu können. An einem Ende der Welle soll daher ein zusätzliches Kegelradgetriebe (bestehend aus drei jeweils um 90° zueinander angeordneten Kegelrädern) konstruiert werden. Dieses Getriebe wird den erhöhten Platzbedarf ermöglichen und die Drehrichtung der Abtriebswelle erneut umkehren.

Mit dem *Kegelräder-Generator* können nur Kegelradpaare (bestehend aus zwei Kegelrädern) konstruiert werden. Das in unserem Übungsbeispiel benötigte dritte Kegelrad wird später aus dem Projektordner hinzugefügt. Vor der Konstruktion des Kegelradgetriebes müssen eine weitere Welle und ein weiteres Kugellager erzeugt bzw. eingefügt werden.

Konstruktion des Kegelradgetriebes

3.6.1 Welle und Lager zur Platzierung der Kegelräder erzeugen

Abb. 105 Erzeugen einer weiteren Welle

Starten Sie den Befehl ⊞ *Welle*. Im Bereich *Platzierung* sind die in Abb. 105 markierten Referenzen für die ▸ *zylindrische Fläche*, die ▸ *planare Startfläche* und die ▸ *planare Fläche zur Ausrichtung* zu wählen.

Die Referenzen finden Sie im hinteren Teil des Getrieberaumes im Motorgehäuse. Erstellen Sie danach die drei in Abb. 105 dargestellten Wellenabschnitte samt Fasen und Rundungen. Alle Fasen sollen mit dem Wert *0,5 mm x 45°* und alle Rundungen mit einem *Radius* von *0,5 mm* versehen werden.

Achten Sie auf die korrekte Richtung: die Welle muss, von der Startebene aus, in Richtung Getriebeinnenraum zeigen (Abb. 106). Eine Korrektur ist mittels ✗ *Seite umkehren* möglich. Stellen Sie sicher, dass im Feld *Elemente* in der Option *Hohlräume links* keine Durchgangsbohrung mehr aktiv ist!

Abb. 106 (v.L.n.R) Lager kopieren; Lagerfläche auf Gehäuse platzieren; Lager axial auf Welle setzen; Farbe ändern

Der Welle soll anschließend die Farbe *Chrom-poliert-blau* zugewiesen werden. Markieren Sie das in Abb. 106/ 1 markierte Lager und kopieren Sie es ein Mal (*Strg+C*).

Konstruktion des Kegelradgetriebes

Verwenden Sie zwei ⌐ *Abhängigkeiten,* um das Lager wie in den Abb. 106/ 2, 3 dargestellt zu positionieren. Weisen Sie dem Lager im Anschluss die Farbe *Blau* zu und speichern Sie die Baugruppe danach.

3.6.2 Befehlsgrundlagen KEGELRÄDER-GENERATOR

Abb. 107 Der Kegelräder-Generator

Der *Kegelräder-Generator* ist prinzipiell vergleichbar mit dem Stirnrad-Generator. Die Vorgehensweise bei der Berechnung ist ähnlich, nur dass die Kegelräder nicht parallel zueinander liegen, sondern in einem definierten Winkel zueinander angeordnet sind.

3.6.2.1 Reiter KONSTRUKTION

Abb. 108 Der Kegelräder-Generator (Reiter: Konstruktion)

INHALT

Der Reiter *Konstruktion* ermöglicht die Vorgabe der Konstruktionsbedingungen und eine Platzierung der Kegelräder auf geometrische Elemente der Baugruppe.

Konstruktion des Kegelradgetriebes

OPTIONEN

1) Reiter: Konstruktion/ Berechnung
2) Allgemeine Grundeinstellungen
3) Geometrie Kegelrad 1
4) Geometrie Kegelrad 2
5) Berechnungswerte, Berechnung aktivieren/ deaktivieren, Dateibenennung aktivieren, Berechnungswerte zurücksetzen

3.6.2.2 Reiter BERECHNUNG

Abb. 109 Der Kegelräder -Generator (Reiter: Berechnung)

INHALT

Im Reiter *Berechnung* können Methode der Festigkeitsberechnung, Belastungen der Kegelräder, Materialwerte und die erforderliche Gebrauchsdauer definiert werden.

OPTIONEN

1) Reiter: Konstruktion/ Berechnung
2) Belastung
3) Material
4) Gebrauchsdauer
5) Ergebnisdarstellung

3.6.3 Konstruktion des Kegelradgetriebes

Starten Sie den Befehl *Kegelrad* und übernehmen Sie alle Werte und Einstellungen aus Abb. 110. *Berechnen* Sie die Ergebnisse und bestätigen Sie den Befehl mit *OK*.

Die Positionierung eines Kegelradgetriebes könnte theoretisch bereits während des Befehls erfolgen. Da hier in der Praxis leider häufig Probleme auftreten (trotz korrekter Angabe der Referenzen werden die Kegelradpaare falsch positioniert), sollen die Kegelräder manuell positioniert werden.

Abb. 110 Der Kegelräder-Generator (Antriebs- und Tellerrad)

Legen Sie das Kegelradpaar frei im Zeichenbereich ab und richten Sie es etwas aus. Hierfür muss die Kegelradbaugruppe markiert, die *Taste G* gedrückt und beide Kegelräder bei *gedrückter linker Maustaste gedreht* werden, bis die in Abb. 111/ R dargestellte Position erreicht wurde.

Abb. 111 (L) Kegelradpaar nach dem Einfügen in die Baugruppe; (R) Kegelradpaar nach dem Ausrichten (Drehen)

Konstruktion des Kegelradgetriebes

Abb. 112 Achsen der Kegelräder auf Achsen der Wellen platzieren

Da beide Kegelräder in Winkel und Abstand (aufgrund ihrer konstruktiven Randbedingungen) zueinander festgelegt sind, müssen lediglich die Achsen der Kegelräder auf die in Abb. 112 markierten Wellen platziert werden. Erzeugen Sie zwei *Abhängigkeiten* der beiden markierten Achsenpaare.

Abb. 113 Kegelrad und Abtriebswelle mit Bewegungsabhängigkeit versehen

Im Gegensatz zu den Stirnradpaaren werden Kegelradpaare nicht automatisch als *flexibles* Bauteil in die Baugruppe eingefügt, sodass dies manuell nachgeholt werden muss. Markieren Sie die Baugruppe *Kegelräder* und aktivieren Sie mit der rechten *Maustaste* die Option *Flexibel*.

Die Kegelradbaugruppe ist jetzt beweglich und kann durch eine Bewegungsabhängigkeit mit der Abtriebswelle verbunden werden.

Starten Sie den Befehl *Abhängig machen* (Reiter *Bewegung*, *Drehung*, *Vorwärts*, *Übersetzungsverhältnis 1:1*) und erzeugen Sie eine Abhängigkeit zwischen der Abtriebswelle und dem markierten Kegelrad aus Abb. 113.

Im folgenden Schritt kann das dritte Kegelrad in die Baugruppe eingefügt werden. *Platzieren* Sie das Bauteil *Abtrieb-Kegelrad-außen.ipt* aus dem Projektordner und legen Sie es einmal frei im Zeichenbereich ab.

Abb. 114 Drittes Kegelrad mit axialen und Abstandsabhängigkeiten versehen

Um der neuen Komponente ihren Platz in der Baugruppe zuzuweisen, müssen zwei weitere *Abhängigkeiten* erzeugt werden. Wie in Abb. 114 dargestellt, soll das Kegelrad *axial* mit der Zylinderfläche des markierten Lagers und *fluchtend* in einem Abstand von *-22 mm* zur markierten Seitenfläche des Getriebes positioniert werden.

Vor dem Setzen einer Bewegungsabhängigkeit zwischen dem dritten Kegelrad und den beiden anderen Kegelrädern muss das dritte Kegelrad in die richtige Position gebracht werden. Markieren Sie alle drei Kegelräder und isolieren Sie diese (*rechte Maustaste > Isolieren*, Abb. 115/ L).

Wechseln Sie am *ViewCube* zur Ansicht *HINTEN*, vergrößern Sie die Schnittstelle des dritten Kegelrades mit dem angrenzenden Kegelrad (Abb. 115/ M) und drehen Sie das dritte Kegelrad etwas, bis die Zähne der Kegelräder kollisionsfrei ineinandergreifen.

Abb. 115 (L) Kegelräder isoliert; (M) Zähne der Kegelräder greifen ineinandergreifen; (R) Bewegungsabhängigkeit setzen

Das Zahnrad darf jetzt nicht mehr bewegt werden. Drehen Sie die gesamte Ansicht etwas und erzeugen Sie eine weitere *Bewegungsabhängigkeit* (*Drehung*, *Rückwärts*, *Verhältnis 1:1*), zwischen den beiden in Abb. 115/ R markierten Flächen der Kegelräder.

Alle drei Kegelräder können jetzt markiert und mit der Farbe *Chrom-poliert-schwarz* versehen werden. Beenden Sie die Isolierung (*rechte Maustaste > Isolieren rückgängig*) und speichern Sie die Baugruppe anschließend.

3.7 Rollenketten erzeugen

Rollenketten werden im technischen Bereich sehr häufig verwendet, um Drehbewegungen und Kräfte sicher übertragen zu können. In unserem Übungsbeispiel sollen insgesamt zwei Rollenketten konstruiert werden. Die erste Kette wird die Kraftübertragung von der Kurbelwelle auf das Getriebe gewährleisten und muss daher stabil ausgeführt werden.

Die zweite Kette wird axial durch die Abtriebswelle verlaufen, um dort den Ziehkeil zu bewegen. Diese Kette unterliegt einer geringen Beanspruchung und kann daher einfach ausgeführt werden.

3.7.1 Befehlsgrundlagen ROLLENKETTEN-GENERATOR

Abb. 116 Der Rollenketten-Generator

Mit dem *Rollenketten-Generator* können Kettenantriebe, bestehend aus Rollenkette, Kettenrädern und Spannrollen, berechnet und konstruiert werden. Das Inhaltscenter stellt eine Auswahl an vorhandenen Rollenketten zur Verfügung. Der Kettenantrieb kann auf bereits vorhandene geometrische Elemente einer Baugruppe positioniert werden.

3.7.1.1 Reiter KONSTRUKTION

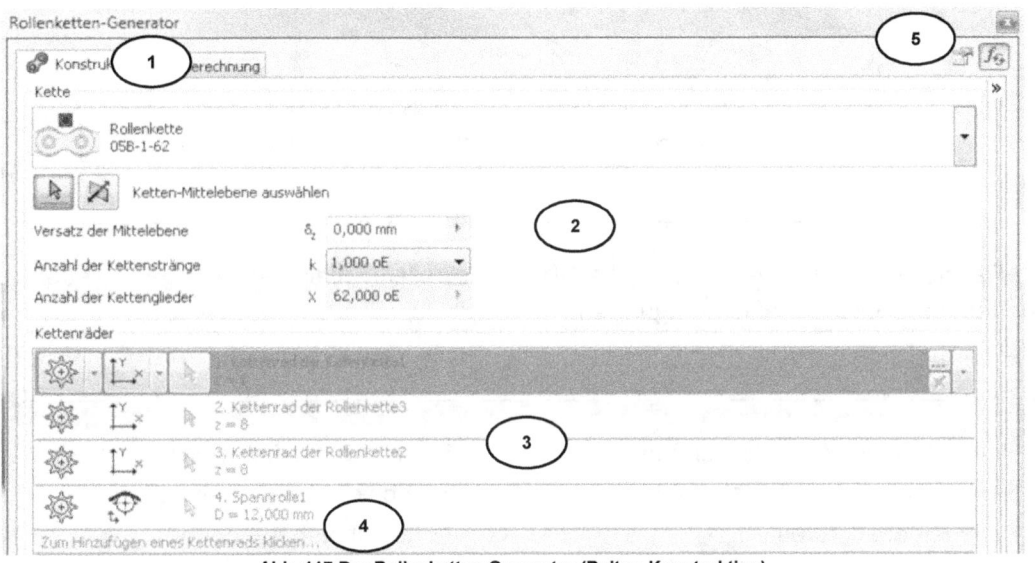

Abb. 117 Der Rollenketten-Generator (Reiter: Konstruktion)

Im Reiter *Konstruktion* wird der Kettentyp gewählt, neue Kettenräder und Spannrollen erzeugt und auf vorhandenen Referenzen der Baugruppe platziert.

Rollenketten erzeugen

OPTIONEN

1) Reiter: Konstruktion/ Berechnung
2) Kettentyp, Anzahl Kettenstränge, Kettenantrieb positionieren
3) Kettenräder/ Spannrollen bearbeiten
4) Neue Kettenräder/ Spannrollen erzeugen
5) Dateibenennung und Berechnung aktivieren/ deaktivieren

3.7.1.2 Reiter BERECHNUNG

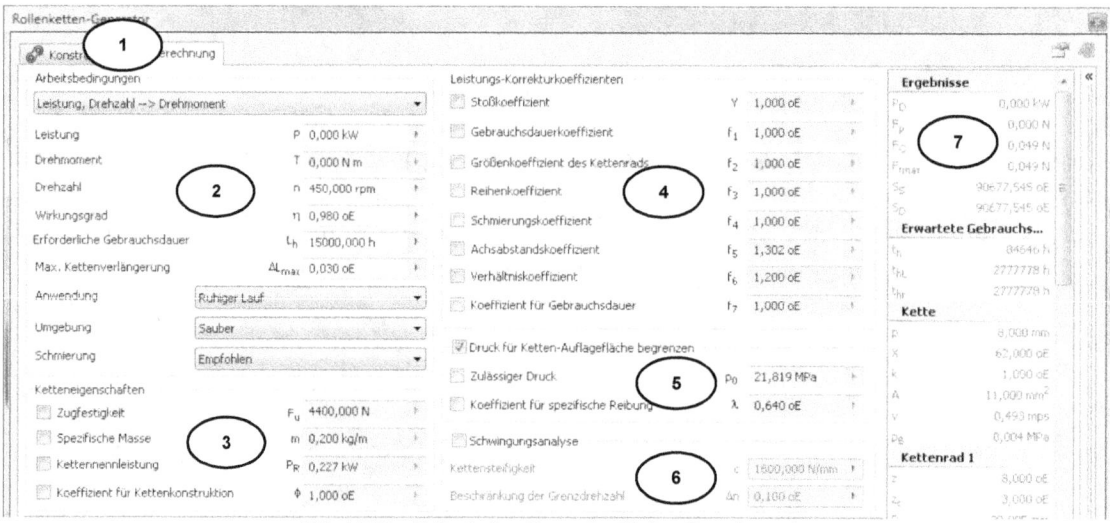

Abb. 118 Der Rollenketten-Generator (Reiter: Berechnung)

INHALT

Der Reiter *Berechnung* ermöglicht die Verwaltung der Arbeitsbedingungen, Ketteneigenschaften und weiterer Randbedingungen.

OPTIONEN

1) Reiter: Konstruktion/ Berechnung
2) Berechnungstyp, Arbeitsbedingungen
3) Ketteneigenschaften
4) Leistung-Korrekturkoeffizienten
5) Auflageflächendruck
6) Schwingungsanalyse
7) Ergebnisberechnung

3.7.2 Konstruktion der Antriebskette

Abb. 119 Schematische Darstellung einer Rollenkette mit zwei Kettenrädern

Ein Kettenantrieb (Rollenketten) besteht aus einer Rollenkette, Kettenrädern und eventuell einem oder mehreren Kettenspannern. Kettenantriebe sind relativ wartungsarm. Aufgrund ihrer Beschaffenheit sind sie sehr langlebig, allerdings weniger geräuscharm als ein Zahnriemenantrieb. Kettenantriebe müssen regelmäßig geschmiert und gespannt werden. Der Austausch eines Kettenantriebes ist (je nach Belastung) relativ selten erforderlich.

Die Antriebskette muss aufgrund ihrer starken Belastung sehr stabil ausgeführt werden, was durch eine höhere Anzahl an Kettensträngen realisiert werden kann. Aufgrund des kurzen Übertragungsweges ist die Verwendung eines Kettenspanners nicht erforderlich.

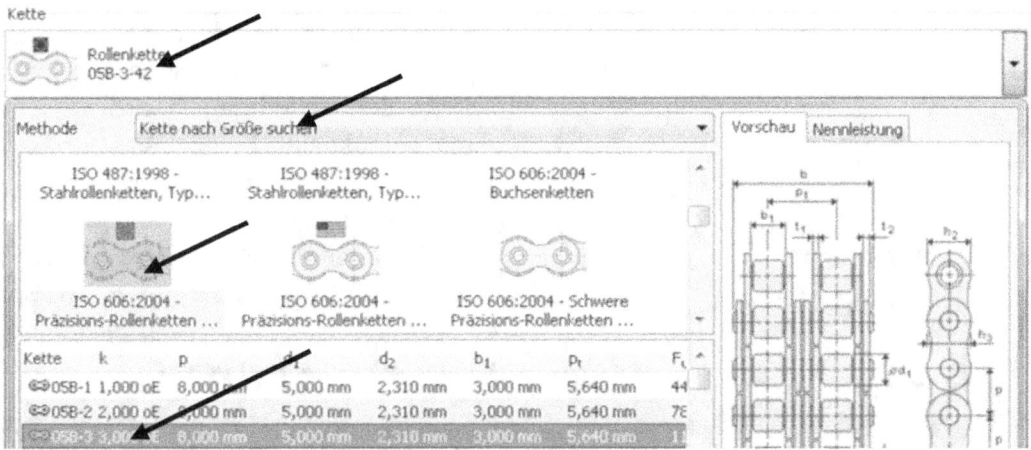

Abb. 120 Der Rollenketten-Generator (Reiter: Konstruktion)

Starten Sie den Befehl *Rollenketten* und klicken Sie auf das *Kettensymbol*, um den passenden Kettentyp auszuwählen. Im neu geöffneten Auswahlfenster muss die Methode *Kette nach Größe suchen* eingestellt und der Kettentyp *ISO 606:2004 – Präzisions-Rollenketten mit kurzer Teilung (EU)* ausgewählt werden (Abb. 120).

In der darunterliegenden Tabelle ist die dritte Zeile zu aktivieren, das Fenster kann anschließend *bestätigt* werden.

Rollenketten erzeugen

Abb. 121 Ketten-Mittelebene, Versatz und Anzahl der Kettenstränge wählen

Drehen Sie die gesamte Ansicht auf die Seite der Kupplung (Abb. 121) und wählen Sie als Referenz für die *Ketten-Mittelebene* die markierte *Seitenfläche der Kurbelwelle*. Im Eingabefeld *Versatz der Mittelebene* muss der Wert *-15 mm* eingetragen werden.

Abb. 122 Alle Kettenräder bis auf die ersten beiden löschen

Abb. 123 Neue Kettenräder hinzufügen

Im Eingabefeld *Anzahl der Kettenstränge* sollte der Wert *3* bereits eingestellt sein. Die Anzahl der Kettenglieder wird vom Programm eigenständig berechnet.

Im Bereich *Kettenräder* sollten, je nach Voreinstellung Ihres Programms, zwei oder mehr Kettenräder angezeigt werden. Sollten es mehr als zwei Räder sein, entfernen Sie alle bis auf die ersten beiden.

Beide Kettenräder müssen vom Typ *Kettenrad der Rollenkette* sein (Abb. 123). Starten Sie mit der Bearbeitung des ersten Kettenrades. Ganz links finden Sie die *Kettenrad-Geometrieoption*. Hier muss die Auswahl *Komponente* (gelbes Zahnrad) aktiviert werden (Abb. 125/ L).

Rechts daneben ist die *Feste Position über ausgewählte Geometrie* (gelber Zylinder) zu aktivieren. Als geometrische *Referenz* ist für das erste Kettenrad die in Abb. 124 markierte Zylinderfläche der *Kurbelwelle* (Abb. 125) zu verwenden.

Rollenketten erzeugen

Abb. 124 Zuweisen der zylindrischen Flächen (Kurbelwelle, Kupplung) als Referenzen für die beiden Kettenräder

Beim zweiten Kettenrad (zweite Zeile) sind die beiden Einstellungen (⚙ *Komponente*, ⊕ *Feste Position über ausgewählte Geometrie*) zu übernehmen. Diesem Kettenrad ist die in Abb. 124 markierte Zylinderfläche der Kupplungswelle als ▸ *Referenz* zuzuweisen.

Abb. 125 (L) Einstellungen erstes Kettenrad; (R) Einstellungen zweites Kettenrad

Die Option ⊕ *Feste Position über ausgewählte Geometrie* des zweiten Kettenrades muss jetzt auf ⊕ *Frei verschiebbare Position* geändert werden (Abb. 125/ R).

Abb. 126 Eigenschaften des ersten Kettenrades bearbeiten

Starten Sie die ⋯ *Bearbeitung* des ersten Kettenrades und übernehmen Sie alle Werte und Einstellungen aus Abb. 126. Ändern Sie die Bewegungsrichtung (Uhrzeigersinn), die Anzahl der Zähne (elf) und die Zahnform (theoretisch). Das Fenster kann im Anschluss durch ⎕ OK *OK* bestätigt und mit der ⋯ *Bearbeitung* des zweiten Kettenrades begonnen werden.

Rollenketten erzeugen

Abb. 127 Bearbeiten der Eigenschaften des zweiten Kettenrades

Hier sind alle Werte und Einstellungen aus Abb. 127 zu entnehmen und die Eingaben anschließend durch OK zu bestätigen. Wechseln Sie in den Reiter f_G Berechnung *Berechnung*, starten Sie dort mit der Berechnen *Berechnung* und bestätigen den Befehl mit OK. Die Baugruppe ist jetzt zu speichern.

3.7.3 Kettenantrieb mit Bewegungsabhängigkeiten versehen

Abb. 128 Beide Kettenräder mit den angrenzenden Komponenten (Kurbelwelle, Kupplung) durch Abhängigkeiten verbinden

Auch Kettenantriebe werden vom Programm nicht automatisch als flexible Baugruppen erzeugt. Dies muss manuell nachgeholt werden. Markieren Sie den Kettenantrieb und aktivieren Sie die Option *Flexibel* (rechte Maustaste > *Flexibel*).

Im nächsten Schritt müssen die Kettenräder des Kettenantriebes mit Kurbelwelle und Kupplung durch eine *Bewegungsabhängigkeit* verbunden werden. Verwenden Sie die Optionen *Drehung*, *Vorwärts*, *Verhältnis 1:1* und setzen Sie zwei Abhängigkeiten zwischen den beiden in Abb. 128 markierten Komponentenpaaren.

Wenn beide Bewegungsabhängigkeiten richtig gesetzt wurden, dürften sich weder die Kurbelwelle noch eine der Komponenten aus dem Getriebe manuell bewegen lassen.

3.7.4 Animation des Bewegungsapparates

Abb. 130 Bauteil nach Abhängigkeit bewegen

Die Nockenwelle wurde mit einer Winkelabhängigkeit versehen, welche den Freiheitsgrad der Drehbewegung des gesamten Kurbeltriebes unterdrückt.

Diese Abhängigkeit soll in der nächsten Übung verwendet werden, um Kurbeltrieb und Getriebe zu animieren.

Klappen Sie im Modellbaum das Bauteil *Nockenwelle:1* auf, markieren Sie die Winkelabhängigkeit *Winkel:1* (Abb. 129) mit der *linken Maustaste* und wählen Sie mit der *rechten Maustaste* die Option *Bauteil nach Abhängigkeit bewegen*.

Abb. 129 Animation der Winkelabhängigkeit

Im neu geöffneten Eingabefenster sind alle Werte und Einstellungen aus Abb. 131 zu übernehmen und die Animation mit der Taste ▶ *Vorwärts* zu starten (alternativ ◀ *Rückwärts*).

Der gesamte Kurbeltrieb und alle Komponenten des Getriebes, sollten sich analog der festgelegten Abhängigkeiten bewegen.

3.7.5 Konstruktion der Rollenkette für die Gangschaltung

Abb. 131 Schematische Darstellung der Rollenkette für die Gangschaltung

Die Konstruktion der Rollenkette für die Gangschaltung ist etwas komplexer. Zwar wird diese Rollenkette aufgrund ihrer geringen Belastung weitaus filigraner ausfallen (nur ein Kettenstrang), dennoch müssen hier im Gegensatz zur Antriebskette mehr als zwei Kettenräder verwendet werden.

Rollenketten erzeugen

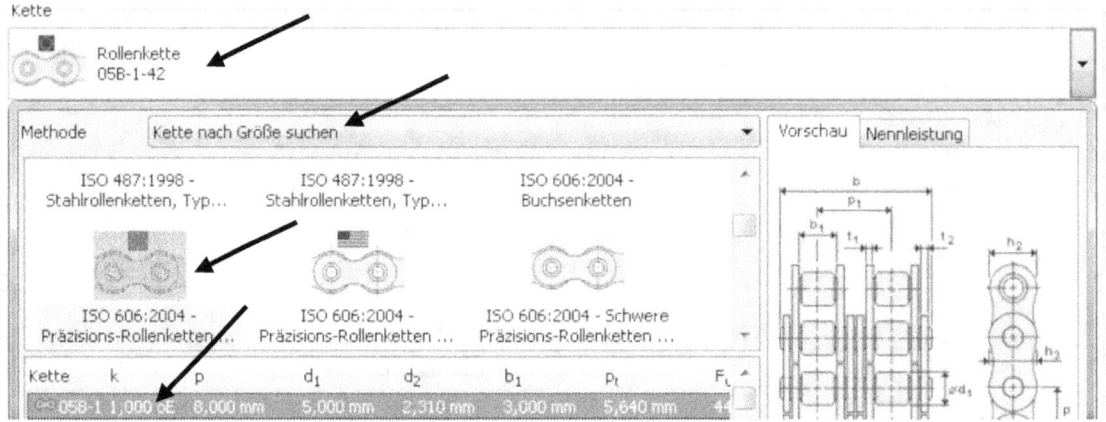

Abb. 132 Kettentyp wählen (ISO 606:2004 Präzisions-Rollenketten mit kurzer Teilung)

Abb. 133 Auswahl der Ketten-Mittelebene

Starten Sie den Befehl *Rollenketten*. Wählen Sie den Kettentyp *ISO 606:2004 – Präzisions-Rollenketten mit kurzer Teilung (EU)* und aktivieren Sie in der Tabelle darunter die *erste Zeile* (Abb. 132). Das Fenster kann anschließend durch *Bestätigen* beendet werden.

Als *Ketten-Mittelebene* ist die in Abb. 133 markierte Fläche des Zylinders am Motorgehäuse zu verwenden.

Abb. 134 Versatz der Mittelebene; Anzahl der Kettenstränge

Der *Versatz der Mittelebene* soll *0* mm, die *Anzahl der Kettenstränge* soll *1* betragen (Abb. 134). Im Bereich der *Kettenräder*, sollten bereits zwei *Kettenräder der Rollenkette* vordefiniert sein.

Verwenden Sie die Schaltfläche *Zum Hinzufügen eines Kettenrades klicken...*, um ein drittes *vorhandenes Kettenrad der Rollenkette* zu erzeugen. Verwenden Sie die Schaltfläche erneut, um außerdem eine *flache Spannrolle* einzufügen. Insgesamt sollten jetzt drei Kettenräder und eine Spannrolle in der Vorschau zu sehen sein.

Rollenketten erzeugen

Abb. 135 Ein Kettenrad und eine Spannrolle hinzufügen

Abb. 136 Optionen zuordnen

Für alle vier Elemente kann zunächst die Option ✱ *Komponente* festgelegt werden (Abb. 136). Die drei Kettenräder sind anschließend mit der Option ✱ *Feste Position über ausgewählte Geometrie* und die Spannrolle mit der Option ✱ *Richtungsbestimmte verschiebbare Position* zu versehen.

Abb. 137 Bearbeiten der drei Kettenräder

Starten Sie die ⋯ *Bearbeitung* des ersten Kettenrades. Übernehmen Sie alle Werte und Einstellungen aus Abb. 137. Die Bewegungsrichtung soll im *Uhrzeigersinn* erfolgen, die Anzahl der *Zähne 8* betragen und die Zahnform *theoretisch* berechnet werden.

Bestätigen Sie die Eingaben durch `OK` OK und beginnen Sie anschließend mit der Bearbeitung der restlichen beiden Kettenräder. Alle Werte und Einstellungen sind identisch zu denen des ersten Kettenrades. Auch hier kann die Abb. 137 verwendet werden.

Abb. 138 Bearbeiten der Spannrolle

Sobald die drei Kettenräder bearbeitet wurden, kann mit der ... Bearbeitung der Spannrolle begonnen werden. Ändern Sie die Konstruktionsführung auf *Durchmesser*, die Bewegung auf *Uhrzeigersinn* und den Durchmesser auf den Wert *12 mm* (Abb.139).

Abb. 139 Referenzen für die ersten beiden Kettenräder festlegen

Als *Referenzen* für die beiden ersten Kettenräder sind die in Abb. 139 markierten *zylindrischen Flächen* des Motorgehäuses zu verwenden. Als *Referenz* für das dritte Kettenrad ist die in Abb. 140 markierte zylindrische Fläche und als Referenz für die Spannrolle ist die in derselben Abbildung markierte *Ebene* zu verwenden.

Rollenketten erzeugen

Abb. 140 Referenzen für das dritte Kettenrad und die Spannrolle festlegen

Nachdem alle Referenzen zugeordnet wurden, müssen die Richtungen der einzelnen Kettenräder und der Spannrolle angepasst werden, sodass die Kette sauber über den äußeren Bereich der Elemente läuft.

Abb. 141 Drehrichtung der Pfeile geändert, Kette (markiert) verläuft außen um die Kettenräder

Abb. 142 Markierter Pfeil

Alle Kettenräder und Spannrollen besitzen optische Steuerelemente (Punkte, Pfeile), an denen sie (parallel zu den Bearbeitungsoptionen des Befehlsfensters) manuell bearbeitet werden können. Klicken Sie auf den ⤴ *gekrümmten Pfeil* eines Elementes, um die Drehrichtung des Elementes und somit die Laufrichtung der Kette an dieser Position umzukehren. Die Kette soll um alle vier Rollen außen herum laufen.

Ändern Sie die Drehrichtung der Kette an jedem Element, bis die Lage der Kette bei Ihnen, so wie in Abb. 141 dargestellt, erreicht wurde. Wechseln Sie anschließend in den Reiter f_Θ Berechnung *Berechnung*, starten die Berechnen *Berechnung* der Kettenlänge, und bestätigen Sie den Befehl mit OK *OK*. Der neue Kettenantrieb muss jetzt als *Flexibel* (*rechte Maustaste > Flexibel*) gekennzeichnet und die Baugruppe gespeichert werden.

3.7.6 Kettenschaltung mit Schalthebel und Kegelradpaar versehen

Abb. 143 (L) Schematische Darstellung; (M) Kegelräder mit Abhängigkeiten versehen; (R) Kegelräder positioniert

Um die Kettenschaltung von außen durch das Getriebegehäuse bedienen zu können, muss ein langer Schalthebel installiert werden. Weiterhin ist ein Kegelradpaar erforderlich, welches mit den vorhandenen Rollenketten verbunden werden kann.

Abb. 144 (L) Position der Kegelräder; (M) Axiale Abhängigkeit; (R) Flächenabhängigkeit

Platzieren Sie aus dem Projektordner das Bauteil *Ganghebel.ipt* einmal und das Bauteil *Gangschaltung-Kegelrad.ipt* zweimal in der Baugruppe. Im ersten Schritt sollen die beiden neu eingefügten Kegelräder mit dem Motorgehäuse durch *Abhängigkeiten* verbunden werden. Setzen Sie die beiden Kegelräder auf die in Abb. 143/ R dargestellte Position.

Die Kegelräder sollen axial auf den zylindrischen Flächen angeordnet werden und sauber mit den Flächen abschließen. Verwenden Sie jeweils eine axiale ⌐ *Abhängigkeit* und eine ⌐ *Flächenabhängigkeit* (Abb. 143/ M; 144/ L).

Anschließend soll der Ganghebel, wie in Abb. 144/ R dargestellt, auf dem markierten Kegelrad positioniert werden. Verwenden Sie auch hier eine axiale ⌐ *Abhängigkeit* und eine ⌐ *Flächenabhängigkeit*. Sobald der Ganghebel an der vorgesehenen Position befestigt wurde, müssen die beiden Kegelräder so gedreht werden, dass deren Zähne kollisionsfrei ineinandergreifen.

Abb. 145 Abhängigkeiten setzen zwischen: (L) Ganghebel + Kegelrad; (M) Kegelrad + Kettenrad; (R) Kegelrad + Kegelrad

Im nächsten Schritt müssen drei Bewegungsabhängigkeiten erzeugt werden, um die Kombinationen *Kegelrad + Kegelrad* und *Schalthebel + Kegelrad* miteinander zu verbinden. Starten Sie den Befehl ⌐ *Abhängig machen* und wechseln Sie dort zum Reiter *Bewegung*. Setzen Sie die folgenden drei Bewegungsabhängigkeiten:

1) Ganghebel und Kegelrad (*Drehung*, *Vorwärts*, *Verhältnis 1:1*, Abb. 145/ L)
2) Kegelrad und Kettenrad (*Drehung*, *Vorwärts*, *Verhältnis 1:1*, Abb. 145/ M)
3) Kegelrad und Kegelrad (*Drehung*, *Rückwärts*, *Verhältnis 1:1*, Abb. 145/ R)

Wenn Sie den Ganghebel jetzt etwas bewegen, sollten sich die beiden Kegelräder und die Kettenräder der Gangschaltung ebenfalls bewegen.

Abb. 146 Neuen Ordner erzeugen

Markieren Sie die vier letzten Komponenten im Modellbaum (Kettenantrieb, Ganghebel, 2x Kegelrad) und legen Sie sie zusammen in den neuen Ordner *Gangschaltung*. Speichern Sie die Hauptbaugruppe.

3.8 Konstruktion einer Keilwellenverbindung

Abb. 147 Keilwellenverbindung (schematische Darstellung)

Das Bauteil *Kegelrad.ipt*, welches als dritte Komponente des Kegelradgetriebes in die Hauptbaugruppe aufgenommen wurde, besitzt an seiner Rückseite eine Welle, welche später aus dem Getriebe herausragen wird. Dadurch soll der Kraftfluss über einen Kettenantrieb an das Hinterrad des Motorades weitergegeben werden. In der folgenden Übung soll dieser Wellenabschnitt mit einer Keilwellenverbindung versehen werden. Diese Art von Verbindungen wird häufig in Bereichen eingesetzt, in denen hohe Belastungen und stoßartige Beanspruchungen auftreten.

3.8.1 Befehlsgrundlagen KEILWELLEN-GENERATOR

Abb. 148 Der Keilwellen-Generator

Der *Keilwellen-Generator* ermöglicht die konstruktive Veränderung von Welle-Nabe-Verbindungen durch Hinzufügen einer Keilwellen-Verbindung. Die Bearbeitung einzelner Elemente (nur Welle oder nur Nabe) ist ebenfalls problemlos möglich.

3.8.1.1 Reiter KONSTRUKTION

INHALT

Im Reiter *Konstruktion* wird der Keilwellen-Typ festgelegt, die geometrischen Abmessungen definiert und Referenzen festgesetzt.

OPTIONEN

1) Reiter: Konstruktion/ Berechnung
2) Keilwellentyp
3) Keilwellen-Maße
4) Referenzen für Welle
5) Referenzen für Nabe
6) Welle + Nabe oder einzeln
7) Dateibenennung/ Berechnung aktivieren/ deaktivieren

Konstruktion einer Keilwellenverbindung

Abb. 149 Der Keilwellen-Generator (Reiter: Konstruktion)

3.8.1.2 Reiter BERECHNUNG

INHALT

Der Reiter *Berechnung* ermöglicht die Auswahl der Festigkeitsberechnung, eine Definition der Belastungen, Bemaßungen, Verbindungseigenschaften und Materialien von Welle und Nabe.

OPTIONEN

1) Reiter: Konstruktion/ Berechnung
2) Typ der Festigkeitsberechnung
3) Belastungen
4) Bemaßungen
5) Verbindungseigenschaften
6) Wellenmaterial
7) Nabenmaterial
8) Berechnungsergebnisse

Konstruktion einer Keilwellenverbindung

Abb. 150 Der Keilwellen-Generator (Reiter: Berechnung)

3.8.2 Erzeugen einer Keilwellenverbindung an der Getriebeausgangswelle

Abb. 151 (L) Wellen-Typ wählen; (R) Referenzen definieren (Nut in Welle)

Starten Sie den Keilwellen-Generator, wählen Sie im Bereich *Bemaßungen* die Norm *DIN* und den Typ *DIN 5463* (Abb. 151/ L). Als Referenz1 ist die in Abb. 151/ R markierte *Zylinderfläche* des Kegelrades zu verwenden, als Referenz2 die markierte *Stirnfläche*.

Im Auswahlfeld *Spline* ist die Größe *6 x 16 x 20* mit einer *Länge* von *10 mm* zu wählen (Abb. 152/ L). Da in unserem Beispiel keine Nabe vorhanden ist, muss im Auswahlfeld *Zu erzeugende Objekte auswählen* die Option Nut in Nabe (rechte Option) deaktiviert werden (Abb. 152/ R).

Abb. 152 (L) Abmessungen der Keilwellen festlegen; (R) Deaktivieren der Option Nut in Nabe

Konstruktion von Rahmen und Reifen

Abb. 153 Keilwellen-Nuten wurden erzeugt

Im Reiter $f_\ominus$ Berechnung *Berechnung* kann anschließend die [Berechnen] *Berechnung* gestartet und der Befehl mit [OK] *OK* bestätigt werden. Speichern Sie die Baugruppe im Anschluss daran.

Der Getrieberaum des Übungsmotors wurde mit der letzten Übung fertiggestellt. Weitere Arbeiten daran sind nicht erforderlich. Im letzten Abschnitt dieses Buches sollen einige Befehle der Befehlsgruppe *Gestell* ausgeführt werden. Der Motor wird einen passenden Rahmen und zwei Räder erhalten.

3.9 Konstruktion von Rahmen und Reifen

Abb. 154 Schematische Darstellung von Rahmen und Reifen

Für den Bereich Rahmen- und Profilkonstruktion hält das Programm die spezielle Befehlsgruppe *Gestell* bereit. Anhand vorhandener Referenzobjekte (Volumenkörperkanten oder 3D-Punkte), können komplexe Rahmengestelle konstruiert und bearbeitet werden. Das Programm greift hierbei auf Profile aus dem Inhaltscenter zurück. Jeder einzelne Strang wird als ein separates Bauteil erstellt und gespeichert und kann dann abgeleitet und weiter bearbeitet werden. Klicken Sie im Modellbaum auf das Bauteil

Motorradrahmen.ipt und aktivieren Sie dessen Sichtbarkeit (*rechte Maustaste > Sichtbarkeit*). Das Bauteil enthält drei Volumenkörper, deren Kanten als Referenzen für die folgenden Arbeiten mit dem Gestell-Generator dienen werden.

3.9.1 Befehlsgrundlagen GESTELL-GENERATOR

Abb. 155 Der Gestell-Generator

Konstruktion von Rahmen und Reifen

Mit dem *Gestell-Generator* können Profilelemente aus dem Inhaltscenter in die Baugruppe importiert werden. Als Referenzen dienen 3D-Punkte oder Volumenkörperkanten.

Abb. 156 Der Gestell-Generator

OPTIONEN

1) Profilelement für Gestell wählen
2) Ausrichtung in Bezug zur Referenz
3) Referenztyp (Punkte/ Kanten) und Auswahl der Referenzen
4) Dateinummer und Bauteilname automatisch aus dem Inhaltscenter abrufen

3.9.2 Erzeugen des Motorradrahmens und der beiden Reifen

Abb. 157 Der Motorradrahmen

Starten Sie den Befehl *Gestell einfügen*. Aktivieren Sie die Option *Profilelemente auf Kanten einfügen* und übernehmen Sie die restlichen Einstellungen aus Abb. 157. Starten Sie mit der Auswahl der *Referenzkanten* für den Motorradrahmen. Auszuwählen sind lediglich die Kanten des großen Volumenkörpers, nicht die der beiden kleinen. In Abb. 159 wurden die Kanten übernommen und der Rahmen erzeugt.

Konstruktion von Rahmen und Reifen

Abb. 158 Der Gestell-Generator (Rohre für den Motorradrahmen erzeugen)

Verwenden Sie Abb. 157 als Vorlage. Die dort dargestellten Leitungen sind die zu aktivierenden Kanten. Der große Volumenkörper besitzt Aussparungen für die Reifen. Achten Sie darauf, die Reifen und die Kanten der Aussparungen nicht zu markieren.

Sobald alle markierten Kanten bei Ihnen mit den Leitungen aus Abb. 157 übereinstimmen, kann die erste Berechnung des Rahmenmodells durch Anwenden Anwenden gestartet werden. Die sich daraufhin öffnenden Fenster können jeweils durch OK OK bestätigt werden. Die Berechnung wird unter Umständen etwas Zeit in Anspruch nehmen. Nach der Fertigstellung sind die erzeugten Rohre bereits sichtbar, der Volumenkörper des Rahmens ist ebenfalls noch aktiv. Diesen benötigen wir noch, um die beiden Reifen darzustellen.

Abb. 159 (L) Auswahl der Referenzkanten für die Reifen; (M) Rohre wurden erzeugt; (R) Rahmen im Modellbaum

Übernehmen Sie anschließend die Einstellungen aus Abb. 160, wählen Sie als Referenzen die äußeren Kanten der Räder (Abb. 159/ L) und bestätigen Sie mit OK **OK**.

Konstruktion von Rahmen und Reifen

Abb. 160 Der Gestell-Generator (Rohre für die Reifen erzeugen)

← *Verlassen* Sie kurz die Bearbeitung des Rahmens, um die Sichtbarkeit des Bauteils *Motorradrahmen.ipt* zu deaktivieren (*rechte Maustaste > Sichtbarkeit*). Um zurück in den Bearbeitungsbereich des Rahmens zu gelangen (dieser wird als eigenständige Baugruppe erzeugt), doppelklicken Sie auf die Baugruppe *Frame0001.iam* im Modellbaum.

3.9.3 Befehlsgrundlagen GEHRUNG

Abb. 161 Der Befehl: Gehrung

Hiermit können Profilelemente aufeinander zugeschnitten werden, welche mit dem Gestell-Generator erzeugt wurden.

OPTIONEN

1) Erstes Profilelement
2) Zweites Profilelement
3) Gehrung teilen, vorhandene Bearbeitungen löschen
4) Abstand und Ausrichtung des Schnittes

Abb. 162 Das Befehlsfenster: Gehrung

3.9.4 Rohrsegmente durch Gehrung aneinander anpassen

Nachdem die einzelnen Rohre entsprechend der vorgegebenen Kanten des Volumenkörpers erzeugt wurden, müssen diese noch angepasst werden. Mit dem Befehl ⌐ *Gehrung* können zwei Profilelemente (welche im Gestell-Generator erzeugt wurden) aufeinander zugeschnitten werden, wobei die Änderungen auch in die Bauteile übernommen werden.

Abb. 163 (L) Rohrsegmente der Reifen anpassen; (R) Lücke geschlossen, Gehrung vorhanden

Starten Sie den Befehl und wählen Sie als Referenzen für das *Gestell-Profilelement* nacheinander die beiden in Abb. 163/ L markierten Rohrsegmente. Aktivieren Sie die Optionen *Gehrung teilen* und *Vorhandene Endenbearbeitung(en) löschen*, und bestätigen Sie die Auswahl mit ⌐Anwenden⌐ *Anwenden*.

Das Programm errechnet den optimalen Zuschnitt der Segmente und bearbeitet die beiden Abschnitte. Nachdem die erste Gehrung erzeugt wurde, wiederholen Sie den Befehl bei den restlichen Segmenten beider Reifen. Wenn alle Verbindungen der Reifen lückenlos geschlossen wurden, wird der Befehl beim Rahmen des Motorrades wiederholt.

Abb. 164 (L) Erste Gehrung; (M) Zweite Gehrung; (R) Dritte Gehrung

Abb. 165 Eckverbindung des Rahmens mit drei Gehrungen

Hier gibt es allerdings eine Besonderheit. Es treffen jeweils drei (nicht nur zwei) Rohrsegmente aufeinander. An jeder Schnittstelle muss der Befehl daher auch dreimal ausgeführt werden. Achten Sie darauf, die Option *Vorhandene Endenbearbeitung(en) löschen* zu deaktivieren. Der jeweils vorher ausgeführte Gehrungsbefehl (eines Profilelementes) würde sonst wieder gelöscht werden. Suchen Sie sich eine beliebige Ecke des Motorradrahmens heraus und beginnen Sie dort mit der Bearbeitung.

Abb. 164 zeigt Ihnen die Reihenfolge, in welcher die Referenzen gewählt werden sollten. Zwischen jedem Bearbeitungsschritt muss der Befehl durch *Anwenden* bestätigt werden. Wiederholen Sie den Befehl *Gehrung* für jede Ecke des Rahmens, bis alle Rohrsegmente (wie in Abb. 165 dargestellt) verbunden wurde.

Der Bearbeitungsbereich der Baugruppe *Frame0001.iam* kann anschließend verlassen und die Hauptbaugruppe *4-Takt-Motor.iam* gespeichert werden.

4 Schlusswort

Der Autor des Buches hofft, dass Sie bei der Arbeit mit dem Programm und dem Übungsprojekt viel Spaß hatten. Der Inhalt des Buches wurde sorgfältig geprüft. Leider können Fehler nicht ausgeschlossen werden.

Wenn Ihnen während der Arbeit mit dem Buch Fehler auffallen sollten, oder wenn Sie Ideen zur Verbesserung des Inhaltes haben, ist Ihnen der Autor für jeden Hinweis per E-Mail dankbar. Konstruktive Anmerkungen können jederzeit an *schlieder@ingenieurbueroschlieder.de* gesendet werden.

Vielen Dank.

ABBILDUNGSVERZEICHNIS

ABB. 1 ZAHNRIEMEN MIT SPANNROLLE UND ZUGFEDER (SCHEMATISCHE DARSTELLUNG)	4
ABB. 2 DER ZAHNRIEMEN-GENERATOR	4
ABB. 3 DER ZAHNRIEMEN-GENERATOR (REITER: KONSTRUKTION)	5
ABB. 4 DER ZAHNRIEMEN-GENERATOR (REITER: BERECHNUNG)	6
ABB. 5 AUSWAHL VON RIEMENMITTELEBENE, VERSATZ DER MITTELEBENE, RIEMENBREITE UND ANZAHL DER ZÄHNE	7
ABB. 6 RIEMENSCHEIBEN WERDEN DEN MARKIERTEN ZYLINDERFLÄCHEN (NOCKENWELLE, KURBELWELLE) ZUGEWIESEN	7
ABB. 7 ÖFFNEN DER EIGENSCHAFTEN DER ERSTEN RIEMENSCHEIBE	8
ABB. 8 EIGENSCHAFTEN DER ERSTEN RIEMENSCHEIBE	8
ABB. 9 EIGENSCHAFTEN DER ZWEITEN RIEMENSCHEIBE	9
ABB. 10 (L) HINZUFÜGEN EINES ELEMENTES; (R) AUSWAHL DER FLACHEN RIEMENSCHEIBE (METRISCH)	10
ABB. 11 MARKIERTE EBENE ALS REFERENZ FÜR DIE SPANNROLLE WÄHLEN	10
ABB. 12 EIGENSCHAFTEN DER FLACHEN RIEMENSCHEIBE	10
ABB. 13 (L) ZAHNRIEMEN AUßERHALB SPANNROLLE; (M) GEBOGENER PFEIL; (R) POSITION DES ZAHNRIEMENS WURDE KORRIGIERT	11
ABB. 14 ERWEITERTE RIEMENOPTIONEN	11
ABB. 15 DER ZUGFEDER-KOMPONENTEN-GENERATOR	12
ABB. 16 DER ZUGFEDER-KOMPONENTEN-GENERATOR (REITER: KONSTRUKTION)	12
ABB. 17 DER ZUGFEDER-KOMPONENTEN-GENERATOR (REITER: BERECHNUNG)	13
ABB. 18 DER ZUGFEDER-KOMPONENTEN-GENERATOR (REITER: KONSTRUKTION)	14
ABB. 19 DER ZUGFEDER-KOMPONENTEN-GENERATOR (REITER: BERECHNUNG)	14
ABB. 20 (ABHÄNGIGKEITEN V.L.N.R) EBENE + EBENE; ACHSE + PUNKT; ACHSE + PUNKT	15
ABB. 21 FEDER WURDE PLATZIERT	15
ABB. 22 ERZEUGEN EINES HALBSCHNITTES	16
ABB. 23 DER DRUCKFEDER-GENERATOR	16
ABB. 24 DER DRUCKFEDER-GENERATOR (REITER: KONSTRUKTION)	17
ABB. 25 DER DRUCKFEDER-GENERATOR (REITER: BERECHNUNG)	18
ABB. 26 DER DRUCKFEDER-GENERATOR (REITER: KONSTRUKTION)	18
ABB. 27 PLATZIERUNG DER DRUCKFEDER (ACHSE, STARTEBENE)	19
ABB. 28 DER DRUCKFEDER-GENERATOR (REITER: BERECHNUNG)	19
ABB. 29 DRUCKFEDER WURDE PLATZIERT	20
ABB. 30 GETRIEBEAUFBAU (SCHEMATISCHE DARSTELLUNG)	20
ABB. 31 PLATZIEREN DER ZWISCHENHALTER	21
ABB. 32 DER LAGER-GENERATOR	21

ABB. 33 DER LAGER-GENERATOR (REITER: KONSTRUKTION)	22
ABB. 34 DER LAGER-GENERATOR (REITER: BERECHNUNG)	22
ABB. 35 (L) AUSWAHL ZYLINDERROLLENLAGER; (R) AUSWAHL NORM, KATEGORIE UND TYP	23
ABB. 36 REFERENZEN WÄHLEN (ZYLINDRISCHE FLÄCHE, STARTEBENE)	24
ABB. 37 (L) MARKIEREN DER DREI KOMPONENTEN IM MODELLBAUM; (R) ZWEI NEUE ORDNER	24
ABB. 38 DEN ZYLINDERROLLENLAGERN EINE NEUE FARBE ZUWEISEN	24
ABB. 39 (L) 1. KOMPONENTE PLATZIERT; (M) DETAILDARSTELLUNG 1. KOMPONENTE; (R) ÜBERSICHT ALLER 6 KOMPONENTEN	25
ABB. 40 (L) MARKIEREN DER SECHS NEU EINGEFÜGTEN HALTER IM MODELLBAUM; (R) NEU ERZEUGTER ORDNER	25
ABB. 41 DER SCHRAUBENVERBINDUNGS-GENERATOR	26
ABB. 42 DER SCHRAUBENVERBINDUNGS-GENERATOR (REITER: KONSTRUKTION)	26
ABB. 43 DER SCHRAUBENVERBINDUNGS-GENERATOR (REITER: BERECHNUNG)	27
ABB. 44 DER SCHRAUBENVERBINDUNGS-GENERATOR (REITER: ERMÜDUNGSBERECHNUNG)	28
ABB. 45 (L) STARTEBENE; (M) STARTEBENE, LINEARE KANTE 1 + 2; (R) AUSFÜHRUNGSTYP (UNTERE FLÄCHE)	29
ABB. 46 AUSWAHL GEWINDEDURCHMESSER	29
ABB. 47 (L) HINZUFÜGEN EINER SCHRAUBE; (R) AUSWAHL DER SCHRAUBE DIN EN ISO 4762	29
ABB. 48 (L) HINZUFÜGEN DER MUTTER; (R) AUSWAHL DER MUTTER DIN EN 24036	30
ABB. 49 EXPORTIEREN DER SCHRAUBENVERBINDUNG	30
ABB. 50 IMPORTIEREN DER SCHRAUBENVERBINDUNG	30
ABB. 51 SCHRAUBENVERBINDUNG IMPORTIERT	31
ABB. 52 VIER WEITERE SCHRAUBENVERBINDUNGEN ERZEUGEN	31
ABB. 53 AUSWAHL VON SCHRAUBENTYP, PLATZIERUNG UND GEWINDE	32
ABB. 54 (L) POSITION DER BOHRUNG; (R) STARTFLÄCHE, ZWEI REFERENZKANTEN UND SACKLOCH-STARTEBENE	32
ABB. 55 (L) HINZUFÜGEN EINER SCHRAUBE; (R) SCHRAUBENTYP DIN EN ISO 4762 WÄHLEN	33
ABB. 56 (L) SCHRAUBENVERBINDUNGEN DER ANTRIEBSWELLE; (R) SCHRAUBENVERBINDUNGEN DER ABTRIEBSWELLE	33
ABB. 57 (L) KUPPLUNG EINFÜGEN; (M) KUPPLUNG UND LAGER AXIAL AUSRICHTEN; (R) KUPPLUNG AN KURBELWELLE AUSRICHTEN	34
ABB. 58 DER WELLEN-GENERATOR	34
ABB. 59 DER WELLEN-GENERATOR (REITER: KONSTRUKTION)	34
ABB. 60 DER WELLEN-GENERATOR (REITER: BERECHNUNG)	35
ABB. 61 DER WELLEN-GENERATOR (REITER: DIAGRAMME)	36
ABB. 62 DIE ANTRIEBSWELLE	37

ABB. 63 PLATZIERUNG DER WELLE ANHAND DER VORHANDENEN GEOMETRISCHEN ELEMENTE	37
ABB. 64 ANTRIEBSWELLE WURDE PLATZIERT UND IST IN DER VORSCHAU BEREITS SICHTBAR	38
ABB. 65 (L) WELLENABSCHNITT VOR DER BEARBEITUNG; (R) WELLENABSCHNITT NACH DER BEARBEITUNG	38
ABB. 66 (L) OPTION: FASE; (R) FASEN-TYP, ABSTAND UND WINKEL	38
ABB. 67 DEFINITION VON DURCHMESSER UND LÄNGE	39
ABB. 68 (L) NEUER ABSCHNITT EINGEFÜGT; (R) MAßE DES NEUEN ABSCHNITTS WURDEN GEÄNDERT	39
ABB. 69 (L) OPTION RUNDUNG; (R) RUNDUNGSRADIUS EINGEBEN	39
ABB. 70 WEITERE WELLENABSCHNITTE ERZEUGEN	40
ABB. 71 (L) WELLE UND KUPPLUNG ISOLIERT; (M) DER WELLE DIE FARBE: GLAS ZUWEISEN; (R) NEUE 2D-SKIZZE ERZEUGEN	40
ABB. 72 (L) PROJIZIEREN DER BOHRUNGEN; (M) BEFEHLSOPTIONEN DER EXTRUSION; (R) WELLE MIT BOHRUNGEN UND NEUER FARBE	41
ABB. 73 (L) AUSWAHL DER GEWINDEBOHRUNG; (M) AUSWAHL DER STARTFLÄCHE; (R) BEARBEITEN DER SCHRAUBENLÄNGE	42
ABB. 74 (L) SCHRAUBEN ERZEUGT; (M) ADAPTIVITÄT DER WELLE; (R) AXIALE ABHÄNGIGKEIT ERZEUGEN	42
ABB. 75 (L) WINKELABHÄNGIGKEIT UNTERDRÜCKEN; (M) NEUEN ORDNER: SCHRAUBEN ERZEUGEN; (R) ISOLIERUNG BEENDET	43
ABB. 76 (L) IMPORTIEREN DER HALTERUNGEN FÜR DIE RÜCKLAUFWELLE; (R) ERZEUGEN DER SCHRAUBENVERBINDUNGEN	43
ABB. 77 DIE RÜCKLAUFWELLE	44
ABB. 78 (L) DIE ABSCHNITTE DER RÜCKKAUFWELLE; (R) PLATZIERUNG DER RÜCKLAUFWELLE IN DEN HALTERUNGEN	44
ABB. 79 DIE ABSCHNITTE DER ABTRIEBSWELLE	45
ABB. 80 DIE ABTRIEBSWELLE	45
ABB. 81 (L) HINZUFÜGEN EINES HOHLRAUMES; (R) ERZEUGEN ZWEIER FASEN	45
ABB. 82 WELLE WIRD MIT DEN BEIDEN MARKIERTEN LAGERN VERBUNDEN (AXIAL) UND SCHLIEßT BÜNDIG MIT DEM RECHTEN LAGER AB	46
ABB. 83 SCHEMATISCHE DARSTELLUNG ZAHNRADPAARE	46
ABB. 84 DER STIRNRÄDER-GENERATOR	47
ABB. 85 DER STIRNRÄDER-GENERATOR (REITER: KONSTRUKTION)	47
ABB. 86 DER STIRNRÄDER-GENERATOR (REITER: BERECHNUNG)	48
ABB. 87 (L) MARKIEREN DER DREI WELLEN IM MODELLBAUM; (R) WELLEN WURDEN ISOLIERT	49
ABB. 88 DER STIRNRÄDER-GENERATOR (REITER: KONSTRUKTION) FÜR DEN ERSTEN GANG	49
ABB. 89 ZAHNRÄDER WERDEN POSITIONIERT	50

ABB. 90 (L) ZAHNRADPAAR LINKS VON DER STARTEBENE; (R) POSITION DES ZAHNRADPAARES KORRIGIERT (RECHTS VON DER STARTEBENE) 50

ABB. 91 (L) FLUCHTENDE ABHÄNGIGKEITEN (MODELLBAUM); (M) VERSATZWERT ÄNDERN; (R) ZAHNRÄDER NEU POSITIONIERT 51

ABB. 92 DER STIRNRÄDER-GENERATOR (REITER: KONSTRUKTION) FÜR DEN ZWEITEN GANG 52

ABB. 93 ZAHNRADPAAR (2. GANG) 52

ABB. 94 ZAHNRADPAARE (3. UND 4. GANG) 52

ABB. 95 DER STIRNRÄDER-GENERATOR (REITER: KONSTRUKTION) FÜR DEN DRITTEN GANG 53

ABB. 96 DER STIRNRÄDER-GENERATOR (REITER: KONSTRUKTION) FÜR DEN VIERTEN GANG 53

ABB. 97 (V.L.N.R.) ZAHNRÄDER WURDEN EINGEFÜGT; STIRNRAD1 AXIAL BEFESTIGT; STIRNRAD2 AXIAL BEFESTIGT; STIRNRAD3 AXIAL BEFESTIGT 54

ABB. 98 POSITIONIERUNG DER ZAHNRÄDER IN DER BESCHRIEBENEN REIHENFOLGE 54

ABB. 99 (L) ANTRIEBSWELLE UND ZAHNRAD1 VONEINANDER ABHÄNGIG MACHEN; (R) DETAILDARSTELLUNG DER SEITENFLÄCHEN 55

ABB. 100 (L) MARKIERTE POSITIONEN, AN DENEN DIE ZAHNRÄDER INEINANDER GREIFEN MÜSSEN; (R) NEUE BEWEGUNGSABHÄNGIGKEIT 55

ABB. 101 (L) ABHÄNGIGKEIT ZW. ANTRIEBS- UND RÜCKLAUFWELLE; (R) ABHÄNGIGKEIT ZW. RÜCKLAUF- UND ABTRIEBSWELLE 56

ABB. 102 (L) ABHÄNGIGKEIT ZWISCHEN ZAHNRAD (VIERTER GANG) UND ABTRIEBSWELLE ERZEUGEN; (R) DETAILANSICHT DER ABTRIEBSWELLE 57

ABB. 103 ERZEUGEN DES NEUEN ORDNERS: STIRNRÄDER 57

ABB. 104 KEGELRADGETRIEBE (SCHEMATISCHE DARSTELLUNG) 57

ABB. 105 ERZEUGEN EINER WEITEREN WELLE 58

ABB. 106 (V.L.N.R) LAGER KOPIEREN; LAGERFLÄCHE AUF GEHÄUSE PLATZIEREN; LAGER AXIAL AUF WELLE SETZEN; FARBE ÄNDERN 58

ABB. 107 DER KEGELRÄDER-GENERATOR 59

ABB. 108 DER KEGELRÄDER-GENERATOR (REITER: KONSTRUKTION) 59

ABB. 109 DER KEGELRÄDER-GENERATOR (REITER: BERECHNUNG) 60

ABB. 110 DER KEGELRÄDER-GENERATOR (ANTRIEBS- UND TELLERRAD) 61

ABB. 111 (L) KEGELRADPAAR NACH DEM EINFÜGEN IN DIE BAUGRUPPE; (R) KEGELRADPAAR NACH DEM AUSRICHTEN (DREHEN) 61

ABB. 112 ACHSEN DER KEGELRÄDER AUF ACHSEN DER WELLEN PLATZIEREN 62

ABB. 113 KEGELRAD UND ABTRIEBSWELLE MIT BEWEGUNGSABHÄNGIGKEIT VERSEHEN 62

ABB. 114 DRITTES KEGELRAD MIT AXIALEN UND ABSTANDSABHÄNGIGKEITEN VERSEHEN 62

ABB. 115 (L) KEGELRÄDER ISOLIERT; (M) ZÄHNE DER KEGELRÄDER GREIFEN INEINANDERGREIFEN; (R) BEWEGUNGSABHÄNGIGKEIT SETZEN	63
ABB. 116 DER ROLLENKETTEN-GENERATOR	64
ABB. 117 DER ROLLENKETTEN-GENERATOR (REITER: KONSTRUKTION)	64
ABB. 118 DER ROLLENKETTEN-GENERATOR (REITER: BERECHNUNG)	65
ABB. 119 SCHEMATISCHE DARSTELLUNG EINER ROLLENKETTE MIT ZWEI KETTENRÄDERN	66
ABB. 120 DER ROLLENKETTEN-GENERATOR (REITER: KONSTRUKTION)	66
ABB. 121 KETTEN-MITTELEBENE, VERSATZ UND ANZAHL DER KETTENSTRÄNGE WÄHLEN	67
ABB. 122 ALLE KETTENRÄDER BIS AUF DIE ERSTEN BEIDEN LÖSCHEN	67
ABB. 123 NEUE KETTENRÄDER HINZUFÜGEN	67
ABB. 124 ZUWEISEN DER ZYLINDRISCHEN FLÄCHEN (KURBELWELLE, KUPPLUNG) ALS REFERENZEN FÜR DIE BEIDEN KETTENRÄDER	68
ABB. 125 (L) EINSTELLUNGEN ERSTES KETTENRAD; (R) EINSTELLUNGEN ZWEITES KETTENRAD	68
ABB. 126 EIGENSCHAFTEN DES ERSTEN KETTENRADES BEARBEITEN	68
ABB. 127 BEARBEITEN DER EIGENSCHAFTEN DES ZWEITEN KETTENRADES	69
ABB. 128 BEIDE KETTENRÄDER MIT DEN ANGRENZENDEN KOMPONENTEN (KURBELWELLE, KUPPLUNG) DURCH ABHÄNGIGKEITEN VERBINDEN	69
ABB. 129 ANIMATION DER WINKELABHÄNGIGKEIT	70
ABB. 130 BAUTEIL NACH ABHÄNGIGKEIT BEWEGEN	70
ABB. 131 SCHEMATISCHE DARSTELLUNG DER ROLLENKETTE FÜR DIE GANGSCHALTUNG	70
ABB. 132 KETTENTYP WÄHLEN (ISO 606:2004 PRÄZISIONS-ROLLENKETTEN MIT KURZER TEILUNG)	71
ABB. 133 AUSWAHL DER KETTEN-MITTELEBENE	71
ABB. 134 VERSATZ DER MITTELEBENE; ANZAHL DER KETTENSTRÄNGE	71
ABB. 135 EIN KETTENRAD UND EINE SPANNROLLE HINZUFÜGEN	72
ABB. 136 OPTIONEN ZUORDNEN	72
ABB. 137 BEARBEITEN DER DREI KETTENRÄDER	72
ABB. 138 BEARBEITEN DER SPANNROLLE	73
ABB. 139 REFERENZEN FÜR DIE ERSTEN BEIDEN KETTENRÄDER FESTLEGEN	73
ABB. 140 REFERENZEN FÜR DAS DRITTE KETTENRAD UND DIE SPANNROLLE FESTLEGEN	74
ABB. 141 DREHRICHTUNG DER PFEILE GEÄNDERT, KETTE (MARKIERT) VERLÄUFT AUßEN UM DIE KETTENRÄDER	74
ABB. 142 MARKIERTER PFEIL	74
ABB. 143 (L) SCHEMATISCHE DARSTELLUNG; (M) KEGELRÄDER MIT ABHÄNGIGKEITEN VERSEHEN; (R) KEGELRÄDER POSITIONIERT	75

ABB. 144 (L) POSITION DER KEGELRÄDER; (M) AXIALE ABHÄNGIGKEIT; (R) FLÄCHENABHÄNGIGKEIT 75
ABB. 145 ABHÄNGIGKEITEN SETZEN ZWISCHEN: (L) GANGHEBEL + KEGELRAD; (M) KEGELRAD + KETTENRAD; (R) KEGELRAD + KEGELRAD 76
ABB. 146 NEUEN ORDNER ERZEUGEN 76
ABB. 147 KEILWELLENVERBINDUNG (SCHEMATISCHE DARSTELLUNG) 77
ABB. 148 DER KEILWELLEN-GENERATOR 77
ABB. 149 DER KEILWELLEN-GENERATOR (REITER: KONSTRUKTION) 78
ABB. 150 DER KEILWELLEN-GENERATOR (REITER: BERECHNUNG) 79
ABB. 151 (L) WELLEN-TYP WÄHLEN; (R) REFERENZEN DEFINIEREN (NUT IN WELLE) 79
ABB. 152 (L) ABMESSUNGEN DER KEILWELLEN FESTLEGEN; (R) DEAKTIVIEREN DER OPTION NUT IN NABE 79
ABB. 153 KEILWELLEN-NUTEN WURDEN ERZEUGT 80
ABB. 154 SCHEMATISCHE DARSTELLUNG VON RAHMEN UND REIFEN 80
ABB. 155 DER GESTELL-GENERATOR 80
ABB. 156 DER GESTELL-GENERATOR 81
ABB. 157 DER MOTORRADRAHMEN 81
ABB. 158 DER GESTELL-GENERATOR (ROHRE FÜR DEN MOTORRADRAHMEN ERZEUGEN) 82
ABB. 159 (L) AUSWAHL DER REFERENZKANTEN FÜR DIE REIFEN; (M) ROHRE WURDEN ERZEUGT; (R) RAHMEN IM MODELLBAUM 82
ABB. 160 DER GESTELL-GENERATOR (ROHRE FÜR DIE REIFEN ERZEUGEN) 83
ABB. 161 DER BEFEHL: GEHRUNG 83
ABB. 162 DAS BEFEHLSFENSTER: GEHRUNG 84
ABB. 163 (L) ROHRSEGMENTE DER REIFEN ANPASSEN; (R) LÜCKE GESCHLOSSEN, GEHRUNG VORHANDEN 84
ABB. 164 (L) ERSTE GEHRUNG; (M) ZWEITE GEHRUNG; (R) DRITTE GEHRUNG 85
ABB. 165 ECKVERBINDUNG DES RAHMENS MIT DREI GEHRUNGEN 85

INDEX

A

Abschließende Arbeiten an der Antriebswelle	42
Animation des Bewegungsapparates	70

B

Befehlsgrundlagen DRUCKFEDER-GENERATOR	16
Befehlsgrundlagen GEHRUNG	83
Befehlsgrundlagen GESTELL-GENERATOR	80
Befehlsgrundlagen KEGELRÄDER-GENERATOR	59
Befehlsgrundlagen KEILWELLEN-GENERATOR	77
Befehlsgrundlagen LAGER-GENERATOR	21
Befehlsgrundlagen ROLLENKETTEN-GENERATOR	64
Befehlsgrundlagen SCHRAUBENVERBINDUNGS-GENERATOR	26
Befehlsgrundlagen STIRNRÄDER-GENERATOR	47
Befehlsgrundlagen WELLEN-GENERATOR	34
Befehlsgrundlagen ZAHNRIEMEN-GENERATOR	4
Befehlsgrundlagen ZUGFEDER-KOMPONENTEN-GENERATOR	12
Befestigung der Lagerhalterungen	25
Befestigungsflansch der Antriebswelle mit Bohrungen versehen	40

D

Der Umgang mit dem Buch	3
Digitales Zubehör zum Buch	3
Druckfeder zwischen Ventil und Zylinderkopf erzeugen	18

E

Erzeugen des Motorradrahmens und der beiden Reifen	81
Erzeugen einer Keilwellenverbindung an der Getriebeausgangswelle	79
Erzeugen eines Zylinderollenlagers	23

G

Getriebekonstruktion	20

I

Importieren der Halterungen für die Rücklaufwelle	43
Importieren der oberen Lagerhalterungen	25
Importieren der Zahnräder für den Rückwärtsgang	54

K

Kettenantrieb mit Bewegungsabhängigkeiten versehen	69
Kettenschaltung mit Schalthebel und Kegelradpaar versehen	75
Komplettierung des Kurbeltriebes	4
Konstruktion der Abtriebswelle	45
Konstruktion der Antriebskette	66
Konstruktion der Antriebswelle	37
Konstruktion der Getriebewellen	33
Konstruktion der Rollenkette für die Gangschaltung	70
Konstruktion der Rücklaufwelle	44
Konstruktion der Zahnradpaare	46
Konstruktion der Zahnradpaare der restlichen Vorwärtsgänge	51
Konstruktion des Kegelradgetriebes	57
Konstruktion des Kegelradgetriebes	61
Konstruktion des Zahnradpaares für den ersten Gang	48
Konstruktion einer Druckfeder	16
Konstruktion einer Keilwellenverbindung	77
Konstruktion eines Zahnriemenantriebes	4
Konstruktion von Rahmen und Reifen	80

L

Lagerhalterungen der Antriebswelle miteinander verbinden	28
Lagerhalterungen der Wellen am Motorgehäuse befestigen	31
Lagerhalterungen importieren	21
Lagerung der Wellen	21

M

Modellbaum strukturieren	24
Modellbaum strukturieren	25

P

Platzieren der Lamellenkupplung	33

R

Rohrsegmente durch Gehrung aneinander anpassen	84
Rollenketten erzeugen	63

S

Schlusswort	85
Schrauben aus dem Inhaltscenter importieren	41
Spannrolle des Zahnriemens mit einer Zugfeder beaufschlagen	14

T

Theoretische Grundlagen zum Getriebeaufbau	20
Theoretische Grundlagen zum Zahnriemenantrieb	4

V

Verzeichnisse	86

W

Welle und Lager zur Platzierung der Kegelräder erzeugen	58
Wellen und Zahnräder mit Bewegungsabhängigkeiten versehen	55

Z

Zahnriemenantrieb zwischen Nocken-und Kurbelwelle erzeugen	7
Zielgruppe & Aufbau des Buches	3

www.ingramcontent.com/pod-product-compliance
Lightning Source LLC
Chambersburg PA
CBHW082212220526
45470CB00010B/3134